教出喜愛學習的孩子

〔日本資深幼教專家〕
正司昌子◎著　溫家惠◎譯

〔前言〕寓教於樂，教出喜愛學習的孩子

眾所周知，新聞媒體根據數據所作的報導，讓我們得以發覺日本高中生、大學生的學力與外國相較有逐年落後的趨勢，而這種情形不僅發生在十歲以上的孩子身上。近年來也有報導指出小學一年級在課堂上「秩序大亂」的現象，而電視媒體上偶爾也會出現相關訊息。雖然目前教育現況充斥著「緩慢教育」[*1]的弊害、教師素質低落等各種頗受爭議的問題，但關於孩童的問題並不只學力低下而已。

我見過許許多多的孩子，在我看來，現在的孩子不只是學力，連體力、精神也有顯著衰退的現象。

REKUTAS教育研究中心是針對零歲到國小低年級等各個年齡層的孩子進行研究的單位。在初次受訪時，表現毫無生氣或面無表情的孩子並不在少數，而其中也有一句話也不說或沒有一絲笑容的孩子。

我曾訪問發現孩子有這種情況的父母，結果發現，這些家庭的成員無論到何處皆是以車代步，幾乎不用雙腿走路；或是家長對孩子過度干涉，甚至對孩子期望過高，因而忽略孩子本身的想法等各種問題。

我的手邊正好有本美國某幼稚園給家長們閱讀的手冊。映入眼簾的是家長與幼稚園之間鉅細靡遺的約定規章。

手冊的內容包括「不可漏帶物品」、「要對自己的行為負責」、「要聽從老師與家長、長輩的話」、「謹慎使用學校公物」、「努力不懈」等對孩子要求相當高的規則；對家長的要求則有「守時」、「掌握孩子的一舉一動」、「確實疊好制服，保持整潔」、「讓孩子攝取對身體有益的食物及點心，特別是要記得吃早餐」、「督促孩子複習功課」等五個項目。

此外，針對家長，手冊還另外列出了十九項問題，其中以「你的孩子會做的事情有哪些？」為主。

我想，應該有人會訝異，「怎麼對幼稚園的孩子照顧到這種程度？有辦法做到嗎？」

老實說，我並不認為這些教育方針有何特別，因為這些項目都是為了今後教育孩子所必須打好的基本生活習慣。幼兒時期是汲取面對未來所需的知識、智慧、學力等「基礎」最重要的時期。

為了達成這個目標，家長以身作則並持續做好親子溝通，遠比任何事情都要重要。長年投身幼兒教育的我體認到，父母必須在日常生活中，不斷地以寓教於樂的方式教育孩子，以讓孩子吸收所有的知識。

某些人認為，幼兒教育是以讓孩子進入明星幼稚園或小學為目標來傳授「考試」技巧的教育。我任教的班級內也有專門來接受考試指導的孩子，而實際上確實也有孩子因此進入明星學校。「想拓展孩子的能力」這種想法是人人都有的。

與昔日的情況相比，現今小學教育的教學進度變得特別快速，這種情況迫使孩子不得不在短時間內記住許多知識。

以小學一年級「1～5」的數字教學為例，原本預定的教法是希望以數個月的時間反覆地教導孩子，但現今卻只安排一個月的教學時間，就得立刻進入下一個教程了。這對還不了解數字1～5，就必須進入下個階段的孩子而言，實在是個悲劇。由於還無法理解基礎知識，想當然耳，孩子一定是越學越糊塗了。

我認為，這也是高中與大學生學力低下的根本原因之一。

「我不想讓孩子變成不會唸書又討厭學校的人。」

「我想讓孩子從小學一年級就有個好的開始。」

為人父母者一定都會有這樣的想法吧？但請你不要過於苛求。因為幼兒時期的智力正是由日常生活及遊戲之中培育而來的，家長若能投注心血，也必定能夠得到豐碩的成果。

我在課堂上並沒有進行任何特別的課程，每天只有讓孩子做各種猜謎、畫圖、骨牌遊戲……等在家裡也能做的、可絞盡腦汁運用所有智慧的活動。孩子的能力就在這樣反覆操作的遊戲中逐漸發芽，漸漸成長茁壯。

這一次，我在經過一番縝密思考後，選出一部分能與孩子一同進行的「遊戲」收錄於本書中，並且分為「繪畫」、「語彙」、「數字」、「身體」四個章節來介紹。

你可以由任何一章開始閱讀，請從你認為可以和孩子共同實行的項目開始輕鬆做起，而我只於本書介紹能很容易在家實踐的項目。

本書的目標在於讓親子之間能藉此一同愉快地遊戲並進行溝通，若對你與孩子的關係有任何助益，我都將感到喜出望外。

注1：

日本教育界在既有的重視知識學習的「填鴨式教育」受到多方批評後，便有專家學者提出「緩慢教育」的想法。緩慢教育的目標在於，能同時培育學生豐富的人格與專長，也能確實養成基本能力，並使學生都能發揮個人所長。於是日本在二〇〇二學年度開始，學校全面實施每周上課五日的制度，為縮減授課時間，新的課程綱要也減少三成學習內容等，自此日本教育界將學校教育瘦身化。

在以往所有學生都應該統一學習的標準課程綱要下，最常為人詬病的是，即使老師知道有學生不了解課程內容的情形也要繼續授課，或是即使學生已經習得該課程進度也要與他人一同學習，造成學習意願低落等情況，使得學校的授課變得形式化。

因此，為了改善這樣的情況，而將標準授課內容設為最低限度，並讓老師有權依照該班級與學校現狀調整授課方式與進度。如此重視個人的特殊化教育即為緩慢教育的精神。

但是，為學校教育帶來新氣象的緩慢教育在實施幾年之後，卻因為日本學生的學力明顯低落而使得社會上對於緩慢教育又有了新的批評浪潮。

前言　寓教於樂，教出喜愛學習的孩子……003

第1章　讓孩子畫「圖」，藉以掌握孩子對現實的認知程度

教導孩子認識全世界是父母的責任……016
認為「河川是圓的」的孩子……018
沒見過月亮或星星，連日出日落也不曾見過……023
讓孩子畫圖，以確認他們的理解力與表達能力吧！……027

第2章　「語言遊戲」喚醒無限的可能性

語言是所有能力的基礎……034

聽

要讓孩子成為聽話的人，就必須給予「聽話」的訓練……036
當場為孩子說明四周所發生的狀況……039
每天和孩子做十個「幫我拿○○來」的練習……044
請為孩子說明他正在做的事情……048
每天與孩子共讀五本書……050
藉著「鸚鵡學話遊戲」，讓孩子反覆唸長句子……053

說

孩子跟你說話時，請你務必回應……056
對於能充分表達意見的孩子，父母除了傾聽，更要給予回應……058
請別妄下斷語，讓孩子把話說完吧！……060
為孩子製造大量向他人做自我介紹的機會……061
讓孩子說完「請給我○○」之後，再將東西交給他……064
讓孩子用電話與他人做會話練習……068
讓孩子慢慢說出生活中所見事物的名稱……071

讀

製造能親近文字的環境是很重要的……074
孩子進小學就讀之前，就讓他學會唸注音符號……076
試著用兩個注音符號來組合成單字……078
在會唸的字彙中夾帶一個不會唸的生字……084
給父親的建議：請寫一行信給孩子……086
讓孩子唸出在街上看到的「文字」……089
孩子最喜歡成語……091

第3章 利用食物進行「數學遊戲」，藉以提升孩子的算數能力

能理解「1～5」五個數字，上小學就不可怕了……096
別用算式來教孩子算數，改用食物來教吧！……098
養成洗澡時彎手指數到「10」的習慣……100
車牌號碼、廣告招牌……讓孩子唸各種數字……103
利用月曆與時鐘，讓孩子感受時間……105
用紙盤與麵包讓孩子掌握「1」的感覺……108
能讓孩子精通「1～5」的自製教材……112
・數字相符的貼紙遊戲（適合兩歲以上孩童）……114
・賓果遊戲（適合三歲以上孩童）……116
・有幾個圖案呢？（適合三歲以上孩童）……118
利用賓果遊戲與盒裝雞蛋，讓孩子精通「1～10」……120
教孩子學會小一數學題目中會出現的字彙……122
進入「1＋1」的算式之前，先用圖式讓孩子理解……128
讓孩子將五份點心分別放在兩個盤子上……130
讓孩子用身體實際感覺「重」與「輕」……132

第4章 懂得善用「身體」的孩子發展好

動動身體「兩萬次」……136
手感也很重要！讓孩子用剪刀剪黏土吧！……138
讓孩子在活動身體的同時，嘴裡一邊發出狀聲詞……141
若要孩子記住「送紙」的感覺，就讓他剪漩渦式線條吧！……142
將剪下的紙並排，讓孩子自行比較大小……147
來挑戰三角形、星形、心形吧！……148
利用「挑豆遊戲」來刺激腦部吧！……150
藉著轉開、旋緊瓶蓋來訓練小指的力量……154
利用「曬衣夾」愉快地鍛鍊手指吧！……156
利用彩色花式乾燥義大利麵來串項鍊吧！……159
讓孩子動刀做一道料理吧！……161
用鉛筆來練習持筷姿勢……167
利用「踩腳遊戲」與「舉高遊戲」來鍛鍊腹肌與背肌……170

對話語錄

學習力就是生存力　西村和雄×正司昌子

不會算分數、小數的大學生……178
父母改變，孩子也會跟著改變……181
父母要試著改變已模式化的態度……185
將周遭發生的事全化作語言翻譯給孩子聽……187
孩子需要的是「學習機會」，而不是「緩慢教育」……190
後記……194

第1章

讓孩子畫「圖」，藉以掌握孩子對現實的認知程度

單靠想像，
畫出眼前沒有的物品，
對大人而言是出乎意料的困難，
對知識不足的幼兒更是如此，
因此可藉由繪畫明白地表現
「了解的事」與「不了解的事」。
為了確認親子平時的相處方式，
本章也提供了有如
石蕊試紙一般的「繪畫遊戲」。

教導孩子認識全世界是父母的責任

在繪畫課堂上曾經發生這樣的事件。

「拿出紅色鉛筆來。」我請孩子們從彩色鉛筆盒當中挑出指定顏色的鉛筆，只見有個孩子困惑地想了一會兒，然後取出黃色鉛筆。於是我又說了，「不是那個顏色，我是說紅色鉛筆。」但是這個孩子仍然拿著黃色鉛筆，並且強調，「這是紅色鉛筆啊！」無論我怎麼說，這個孩子總是如此反應，讓我覺得有些奇怪，索性將紅色、藍色、黃色鉛筆全部拿在手上問他，「哪一支是紅色？」結果，這孩子一邊觀察我的反應，一邊指著筆回答，「這個？這個？」每一次都選了不一樣的顏色。於是我不禁猜想，難道這孩子不會分辨顏色嗎？

我詢問孩子的母親，「請問你有沒有好好教孩子認識各種顏色呢？」母親卻帶著一臉驚訝的表情回答，「我沒注意過這種事耶！顏色這種事情不是自然而然就會知道的嗎？」

類似的事件層出不窮。有許多事情是大人一下子便能理解的，但對孩子而言，卻會有如前述不懂顏色名稱的孩子一般是需要費心教導的。

舉例來說，父母與孩子在公園玩耍時，雖然父母知道地點是公園，但孩子卻不知道自己身在何處，所以就僅是在那裡玩遊戲而已。因此就算在遊戲之後問孩子，「你剛剛在公園玩遊戲對吧？」孩子也完全不了解大人在說什麼。若是孩子在公園嬉戲時，大人能適時地教育孩子，「這裡是公園喔！」孩子便會有「原來這裡是公園啊！」的初次體認。

孩子是以對世事毫無所知、如一張白紙似的狀態誕生於世上的。父母若不給予教導，只想放任孩子自然而然地學會新事物，那簡直就是天方夜譚。若孩子懂得父母不曾教過的事情，那必定是某人教的（也可能是從電視節目學來的）。沒有其他人的灌輸，孩子是不可能自然地增長知識的。

對孩子而言，父母從未教過的事情就屬於無法理解的部分，因此請將日常生活中發生的所有事物都化為語言，並且仔細、謹慎地教導孩子。

認為「河川是圓的」的孩子

在我的課堂上，有為了訓練孩子的判斷力與表達能力而開設的「視覺化」課程。孩子們必須在聽了老師的問題之後，用繪畫表現出來，而我也因此經常有機會發現孩子們有許多令人意想不到的實際狀況。

有一次，為了確認孩子們是否了解「河川」的意思，我請小學二年級的T君畫出「河川」的樣子。結果，T君馬上在圖畫紙上畫了許多大長方形，然後用水藍色將長方形塗滿。每個人都認為他畫的是水池，而在他身旁的母親再也受不了了，「你畫的不是河川吧？給我認真畫！」

她越罵越生氣，但T君卻堅稱：「我畫的是河川沒錯啊！」

與T君詳談之後，才了解原來T君家附近的淀川上頭架了許多座橋樑，再加上他的身高較矮的緣故，所以只看得見兩座橋之間的河川。他畫出的是自己所理解的河川，也就是說，他並不了解河川是流動的。

像T君這樣的孩子並不是特例。在這個事件之後，我也請許多孩子畫

出河川的樣貌。五歲以上能理解「河川會流動」的孩子少於兩成，而能理解「河川上架著橋樑」這件事的孩子所占的比例也差不多。

這種「不知道河川處於流動狀態」的情況日趨嚴重。

有許多孩子表示自己畫的是河川，卻畫出在多個蓄水池上架著橋樑的圖。

REKUTASU教育研究中心位於大阪與神戶之間，所以，受訪者可能會因為是都市小孩而幾乎沒見過河川，於是我把這個可能性也考慮在內了。

但是，我也請九州北部某個極富自然景觀的小學老師協助，讓該校的一年級生也畫一畫河川的圖，結果像T君一樣畫出水池狀河川，或畫出圓形河川的孩子並不在少數。因此我可以說，這個現象與孩子是生活在都市或鄉村應該沒有太大的關係。

為什麼會發生這樣的情況呢？

並不是孩子沒有在觀察河川。孩子們應該有搭乘電車、自用車或步行過橋的經驗才對。

但即便是如此，孩子也不能明白的原因在於就算他們看過河川，卻缺乏理解眼睛所見的稱為河川、河川是流動著的，以及橋樑又是如何架設的……等所謂的「知識」。

也就是說，沒有人告訴孩子有關「河川」的知識。

如同文章一開始所描述的，人若是缺乏知識的灌輸，就無法真正全盤地「了解」。

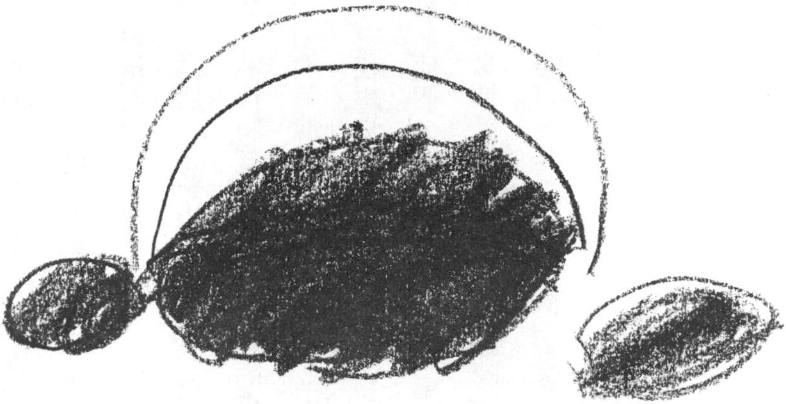

聽了老師的問題之後，孩子們所繪的圖。「有一條大大的河川，而它的兩側各有一條細小的河川流動著，在這三條河的上頭有著一座橋樑。」（上下圖皆是）

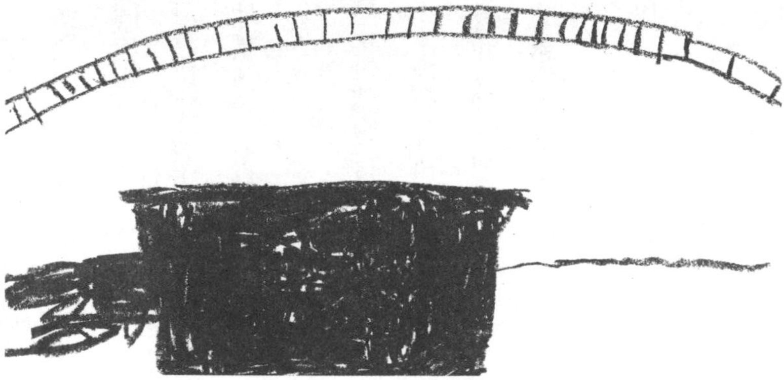

教導對所有事物都一無所知的孩子了解全世界的不該是別人，而應該是父母。以河川為例，父母應該帶孩子實地觀察河川，並且一路告訴他們「這是河川喔！河川是從山間流下，然後再與海洋相接的。」

當然，要教的事物並不只限於河川。請父母盡可能地讓孩子接觸大自然，然後將實際存在於世上的事物，一項一項地讓孩子去實際體驗，一項一項地為他們解說。

我經常不斷地如此呼籲父母，只可惜，真正付諸實行的家庭並不多見。他們大概是認為「這種事沒那麼重要」、「沒有餘裕做這些事」、「太麻煩了」、「會被蚊蟲咬」、「會弄得全身髒兮兮」吧？

受到父母這種觀念的影響，孩子們對自然的認識程度當然會一年不如一年了。

沒見過月亮或星星，連日出日落也不曾看過

前面淨是談論河川，其實也有沒見過星星的孩子。

每年我在REKUTASU教育研究中心問年齡較大的孩子這個問題時，十人之中總有近半數舉手。也有孩子沒見過月亮、不知道月亮有圓缺變化，或以為月亮只有上弦月形狀。

根據日本朝日新聞（二〇〇〇年二月五日晨報）報導，有二三%的中小學生反應「自出生以來從未看過日出與日落」，而這樣的情況正逐漸蔓延到全國。

對於孩子的這種現狀，幼兒教育專家解釋，「即使親眼見到在夜空中閃耀的星星或月亮，但由於父母沒有加以說明，以致孩子並不清楚所看見的正是星星或月亮，因此才會回答『從未看過』吧。」

我也是這麼認為的。但是，即使父母知道孩子為何會對自然的了解程

度低下，似乎仍有「那又如何呢？這又沒什麼大不了的。」這種不在乎的反應。

理由是，即使孩子反應「沒有看過星星」，父母就會以「回家之後會讓他看錄影帶」為由，將問題簡單帶過，真正有心讓孩子去接觸大自然的父母相當少見。

對於有「讓孩子看錄影帶就夠了」這種想法的父母，我感到非常疑惑。

因為讓完全不明瞭真實自然萬物的孩子去看虛擬影像中的世界，然後在旁說明「這是星星，這是月亮」的教育方式，是無法傳授知識給孩子的。

事實上，除非是已經了解真實自然的成人，否則要結合虛擬與現實世界所見並能夠理解，是很困難的。

因此，父母不可將責任完全託付給錄影帶，帶孩子實際接觸自然、親自教導孩子各種自然現象是很重要的。如此一來，孩子在升上國中後就不

今天晚上有美麗的
上弦月呢！
在那旁邊有星星，
你看見了嗎？

會有「沒看過日出或日落」的反應了。

在REKUTASU的課程中，我們會教導孩子並讓他們理解太陽是東升西落的道理。雖然這種事被當成常識來加以說明，但孩子是否真能分辨東西方位還是個問題，因為他們是一群沒見過日出與日落的孩子。

假若沒有看過日出，就無法將日出與東方連結在一起；此外，若不曾見過太陽西沉的景象，應該也無法將日落與西方作聯想。

請父母務必讓孩子有機會觀賞一次旭日東升的情景，然後向孩子說明「因為太陽公公是從那裡升起，所以那個方向是東方。」

就算孩子看到了日出，卻沒人告訴他們「那是日出」的話，他們是不會明白自己看到什麼的。

至於日落也是一樣。在從幼稚園或托兒所，抑或購物回家的路上，請告訴孩子「快看，日落真美耶！」「太陽公公從那裡落下，所以那個方向是西方。」

像這樣讓孩子看到實景，並且教導孩子認識眼前所見的事物是很重要的。有了實際體驗，就會在孩子腦中開始產生「知識」。

即使只是不經意提起的話題，這一小段一小段的事物對孩子而言都很新鮮。

讓孩子畫圖，以確認他們的理解力與表達能力吧！

看到這裡，再看著孩子親手繪製的河川或海洋，想必有許多父母會認為「我家孩子把河川畫得挺不錯的，應該已經能了解大自然了」吧？

為了解孩子對自然的認識程度究竟有多少，請讓孩子試著做做以下的題目。只要讓孩子描繪各式各樣的主題，以視覺化的方式呈現出來，就能明白孩子對現實世界的理解程度。

題目1　閉上眼睛，先在腦海中描繪形象，再實際提筆畫出

「請畫出蘋果。先用黑筆畫出輪廓，再塗上顏色。（為了確認腦中顯現的輪廓，所以讓孩子實際在紙上畫下腦中所描繪的蘋果）」

畫好蘋果之後，再用同樣的方法讓孩子畫出檸檬、香蕉等物體。

在實際拿筆繪圖之前，腦中所浮現的影像是很重要的。父母可趁此了

解孩子對於事物抱持的印象。

而明顯畫錯的孩子若不是沒有仔細聽懂問題，就是對指定事物沒有正確的印象。

詳細做法我會於第3章再說明。這個方法可增進孩子對於對數學問題的理解，也可用來了解孩子國文的閱讀能力。

例如：讓孩子試著畫出文章每個段落所表示的內容。

若孩子畫出符合文章內容的圖畫，就知道孩子是明確地理解文章的；若孩子畫不出正確的內容，就表示孩子尚未能理解文章真正的意思。

問題2　說出兩個以上的條件，讓孩子以圖畫呈現

❶「大河的兩側有小河，而小河的上頭架著一座橋樑。」

藉由這個問題，父母可以確認兩件事，一是孩子是否聽懂問題，一是孩子對於對象物認識的程度。

孩子也許又會畫出如前所述的「四角河川」或「圓形河川」。此外，由於最近孩子們的「聽話能力」有嚴重低落的傾向，因此，他們有可能並未認真聆聽老師在一開始所給的所有提示，或者只畫了一條河川，抑或沒有畫出河川上架設的橋樑。

只是，父母絕對不能當場斥責孩子「給我好好畫！」因為那張圖代表了孩子目前的理解程度。

針對畫出圓形或四角形河川的孩子，可帶他們實地觀察河川（這不是

指看書或錄影帶），再請父母從旁說明關於「河川」的資訊。

「河水從山上流下，然後流入海洋。」

「你看，水從那邊流過來了，河是流動的。」

「河裡有魚在游。」

「想要過河，就需要有橋樑，那個就是橋喔！橋上還有車輛通行。」

若孩子只畫了一條河，或是畫出的圖不符合敘述，請父母盡可能在孩子完全理解之前反覆地說明，讓孩子慢慢地察覺到自己遺漏了哪些條件。在孩子將所有內容都聽清楚之前，請心平氣和地陪他到完全了解為止。

對於那些聽懂問題、對於對象物卻有著錯誤印象的孩子，請指導他正確的知識。

❷「眼睛閉起來聽我說。廣美將長髮編成三條辮子，辮子末端綁著橘色蝴蝶結，她的身上穿著水藍色短袖連身裙，腳上穿著白襪與黑色的靴子。」

由於這個題目涵蓋了許多條件，為了讓孩子能仔細聽懂問題，請慢慢

地向他們說明。

若是孩子沒聽清楚題目，或畫的圖有錯，都請你耐心地為孩子反覆地說明。在孩子能將聽到的資訊正確地畫出來之前，都請讓他們盡情作畫。

我建議用這樣的方式安排幾個題目，偶爾讓孩子試著以圖畫來表現理解程度。

藉著反覆地做十次、二十次的練習，孩子們自然就會具備「聽話能力」與「確實地將聽到的事物化作圖像」的能力了。

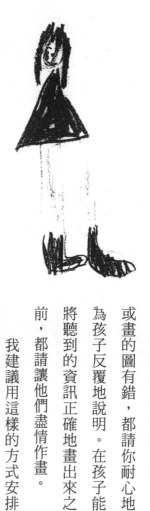

第2章

「語言遊戲」喚醒無限的可能性

孩子是以驚人的速度
在吸收語言知識。
將孩子強烈的學習欲望
導向正確的方向，
給予孩子快樂而有意義的經驗，
都是父母的職責所在。
本章從「聽」、「說」、
「讀」三個觀點，
來介紹日常生活中
可以實踐的各種「語言遊戲」。

語言是所有能力的基礎

人類的生存能力是以「語言」為基礎架構而成的。我們在思考問題之際，一定要利用語言這個工具。因此，懂得大量的字彙、了解表現方法，語言就能越來越豐富，而思考能力與生存能力也將隨之提升。

請試著思考看看，嬰兒是如何學會語言的？他們當然不是在某一天突然理解語言，然後才會說話的。嬰兒是從誕生的那天開始，即使不能了解父母對自己所說的那些充滿愛意的言語，但這些語言卻會深深烙在腦海裡，並慢慢變成語言能力。

孩子在誕生於這個世間的那一剎那就開始累積語言能力了。因此，從0歲開始，請你盡可能地對孩子大量地說話，而對孩子說話時所使用的語彙也是很重要的。

幼兒時期學得的語彙量，與孩子的能力是成正比的，例如：事實證明，懂得的語彙量較多的孩子，在算數等項目表現也較優異。

不管在孩子腦袋裡輸入多少資訊，也絕不會有輸入過多的情況發生。必須注意的是言談的「品質」。在幼兒期這個極短的時間裡所輸入的資訊，會成為未來一生的基礎，因此請對孩子使用正確的語彙，並灌輸正確的知識，謹慎避免污穢或不正經的字眼。

就算是完全聽不懂語言的小嬰兒，在父母以髒話相互謾罵時，同樣也會毫無意識地全數聽進耳裡，將父母脫口而出的話全都烙在腦海中。

關於教育孩子這件重責大任，說它是從教導孩子學習語彙開始的也不為過。請對孩子溫柔使用正確有禮的語彙，並運用大量的字彙來教導孩子吧！

聽

要讓孩子成為聽話的人，就必須給予「聽話」的訓練

我從事幼兒教育的相關工作已將近二十年了，對於現在的孩子，我最在意的是「聽話能力」嚴重低落的問題。

這是指無法安靜地聽人說話的意思，當然，這也跟孩子靜不下來有關，但比起這點，我認為孩子尚未準備好「聽話的態度」才是問題所在。

各位是否輕忽了「聽話」這件事呢？這並不是指自然而然傳進耳朵裡的話，而是指必須集中精神、努力地挑出關鍵語句來聽的話。收聽廣播節目時，若是頻率沒有調對，將只能夠聽見雜音；同樣地，想聽懂對方話中的真義，自己與對方的頻道就得相同才行。

舉例來說，老師在課堂上說：「請翻到第三十二頁。」學生若沒有認

真聽，這些話就會成了耳邊風。

這是從某國中的國文老師那裡聽來的實際經驗。即使他說了「翻到○○頁」，但真正在聽的學生只有少數，學生反而在私下相互詢問著，「咦？老師在說哪一頁？」由於這些孩子在幼兒時期並沒有藉由「聽話」訓練養成頻道調合的習慣，所以就在無法聽進別人的話的情況下長大成為國中生。

那麼，要如何進行聽話訓練，培養出與人相同頻率的習慣呢？

接下來，我會介紹幾種培養聽話能力的具體訓練方法，而這些方法執行起來並不困難，都是些「能增進親子溝通」的方法。

由於網路與手機十分普及的緣故，在大多數人每天都被這些事物占去不少時間的現代社會，即使是專職家庭主婦，與過去相較，與孩子談話的時間正在銳減。

此外，看過多的電視與錄影帶也是問題之一。你可曾因為工作忙碌，而讓電視或錄影帶來陪伴孩子嗎？我們都忘了一件事，聲光效果的刺激並無法培養孩子的聽話能力。

因為那只有單向的資訊流動，所以，孩子無法藉由電視建立專注聽聲音的習慣。也因此，不停地收看電視節目的孩子，會逐漸喪失思考事物的能力。

還有另一項值得注意的事情。父母對孩子所說的話之中通常包含太多的命令句，如此一來，親子間便會有對話量減少，甚至連會話品質也變得相當低落的問題。

「趕快！趕快！」

「不行。」

「吵死了！」

「到那邊去！」

最近的母親都用這種讓人聽了不禁皺眉的可怕字眼和孩子說話。家裡若充滿這種不經修飾的字眼，孩子未來會變得如何呢？

句子是以主詞和述語組合而成的，若父母只用單字對孩子吼叫，那麼使用完整句子時，孩子就會抓不到語意。倘若不懂主詞、述語的關係，就無法讓孩子養成邏輯思考能力。

就算是要提醒孩子注意某件事，也請你用「飯吃得那麼慢可能會趕不上電車，我們動作快一點吧。」「一直看電視，作業會寫不完喔！關掉電視開始寫作業吧！」類似這種完整的句子對孩子說話。

我雖然能夠理解父母焦躁地用「快點！」這樣一句話就帶過的心情，但請你務必要忍住。養育孩子需要耐心，而這是最能培養孩子能力的做法。

當場為孩子說明四周所發生的狀況

孩子們原本就對所有事物十分好奇。在這個充滿未知的世界裡接觸到新鮮事物，並因為理解這些事物而感到興奮，這種心情是從出生那一刻起就開始有的。

該如何培育好奇心正旺盛的孩子呢？你的養育方式會決定孩子的能力與性格。甫誕生於世上的孩子就如同純潔的白紙，會依據寫入資訊的多寡，而決定未來的可能性。

學習能力強的孩子有個共通點，那就是他們了解許多詞彙。這些孩子之所以能理解豐富的字彙、具備充足的知識，是因為父母從嬰幼兒時期開始，就對孩子大量地說話、溝通而來的。

也許有些父母會認為，自己是雙薪家庭，沒辦法撥出更多的時間照顧孩子。但是，即使父母雙方都在工作，應該還是能在有限的時間內，對孩子充滿愛意地說上幾句話和撫觸才是。相反地，就算你是專職的家庭主婦，若與孩子的接觸太少，孩子的能力依然是無法拓展的。

包含語言能力在內，孩子的智力是隨著父母的用心程度慢慢滋長的。關於這點，每個孩子都相同而且沒有例外。

這其中完全沒有無法實行的項目。各位父母，你有帶孩子外出的經驗吧？這可是培養孩子「聽話能力」的大好機會。在戶外時，映入眼簾的事

那是卡車，那個有著紅綠黃三種燈的是紅綠燈。你看，前面的伯伯背上有一隻狗喔！
好可愛！

出門時，請一樣一樣指著事物讓孩子認識。

物相當多，這些對孩子而言全都是新鮮的初體驗。「那是什麼？」「這叫作什麼？」等問題不絕於耳，孩子的小腦袋瓜裡滿是好奇。

這時就是為人父母者好好表現的最佳時機。請你邊帶孩子散步，邊告訴他可能會感興趣的事物，如車子或商店、路旁盛開的花草、抬眼可見的雲朵或飛機、鳥類……等等。

重點是以「快看這

裡」這幾個字開頭。因為當孩子聽到父母說「快看」時，注意力就會跟著轉向父母所說的事物。這種「側耳傾聽」、「等待接下來的話題」，與「聽話能力」是相互串連的。

在跟孩子對話時，若孩子詢問「這是什麼？」「那這個呢？」「為什麼？」等問題，請務必一件一件地仔細教導。

大人認為不值一提的事物，孩子卻可能特別感興趣。就算你覺得不耐煩，也請避免忽視孩子的問題、敷衍或給予殘酷的回應，若你這麼做，可能會扼殺了孩子所萌生的興趣嫩芽。

孩子非常喜歡和父母說話，和父母進行對話的投接球遊戲，將令孩子雀躍不已，請你務必要回應孩子的期待。

教導孩子對事物的感受性也是重要的，例如：看到玫瑰時，父母別只告訴孩子「這是玫瑰」，若能把「好美麗的紅色」或「好香的味道」等感覺也一併傳達給孩子，如此一來，我相信不僅能提升孩子聽話的能力，也能連帶地磨練出他的感性。

此外，不厭其煩地跟孩子說每一項事物，也能增加孩子的語彙能力。孩子會以驚人的速度一個接著一個地記住新名詞，即使父母心底會擔心這樣教孩子是否會導致混亂，或有教得太艱深的疑慮，但對孩子而言並沒有知識過多的問題。

「你看，那邊有隻可愛的貓，牠叫作三花貓喔！」

「天色越來越暗了。你看，可以看到星星對吧？每戶人家的燈也都點亮了。」

「哇！好大的車喔！這叫作挖土機，是用來挖土的，這裡在蓋房子耶！要蓋什麼呢？是商店嗎？還是大樓呢？」

父母若能以這種方式向孩子說明身邊的每一項事物，語彙就會漸漸深植在孩子腦中，孩子也將能夠開口交談。

孩子總是興味盎然地聽著父母所教導的各種事物，並且也會發問，對吧？這麼一來，親子之間就能藉由大量交談，培養出孩子的聽話能力，同時孩子也能獲知更多的語彙。

比起其他教育方式，能夠確實與父母接觸、互動的孩子，其語彙與知識都會越來越豐富。

每天和孩子做十個「請幫我拿○○來」的練習

這也是在家中就能夠輕易做到的訓練。

首先，將超市買來的食材置於桌上，然後一個一個地拿在手上，一一介紹「這個是蓮藕，這個是馬鈴薯」等名詞讓孩子了解，若你可以每天持續這麼做，孩子就可以記住許多詞彙。

如果孩子已記住這些名稱，接下來，父母就可以用「請幫我拿紅蘿蔔來」、「請幫我拿白蘿蔔過來」等說法，請孩子幫忙到廚房拿東西。

讓孩子記住正確的名稱是重要的，所以請告訴孩子具體的名稱，如「番薯」、「馬鈴薯」等。

即便是父母也認為不容易記得的食物名稱如「雪裡紅」、「芹菜」、

請幫我拿報紙來。
媽媽，我拿來了。
麻煩拿毛巾給我。
請幫我拿橘子過來。

讓孩子去拿取他已知道名稱的物品，也可以幫助記憶與複習。

「青江菜」等，孩子也可以毫無困難地記在腦海中。所以，你不須思考「教這個太困難了吧？」等問題，大量地將語彙教給小孩吧！

倘若孩子已能習慣上述方式，父母就可以用「請幫我拿兩個馬鈴薯來」、「請拿兩個洋蔥和一個馬鈴薯給我」這種加入數字及組合的方式與孩子說話。

「聽話」這件事大多是和「行動」連在一起的，也就是聽了他人的指示之後採取行動，而「請幫我拿○○來」則包含了「聽話」與「行動」兩方面。所以，一天之中請讓孩子幫忙十次吧！若每天都能這麼做，即便是一歲的孩子，應該也都能學會「聽話」了。

此外，對於已經提醒好幾回、卻始終無法把話聽進去的孩子，父母就必須製造能讓他們意識到「不聽話會給自己造成困擾」的狀況。

過去的母親叫喚大家「吃飯囉！」總是輕聲細語的，但應該是當時的家族人口比現在多的緣故，只要你沒聽到就有可能沒飯可吃，因此過去的孩子聽到呼喚聲，都是一副爭先恐後的模樣。

反觀現在又是如何呢？若是喊「吃飯囉！」而孩子不來吃飯的話，媽媽會特地去叫喚孩子，過於溺愛孩子的父母甚至會直接將食物端到孩子面前。也就是說，就算孩子沒在聽媽媽的話，也不會造成自己的困擾。如此一來，孩子是永遠也不會認真聽父母說話的。

因此，如果媽媽呼喚一聲「我買了好吃的蛋糕喔！」而孩子卻沒出現的話，媽媽可以將蛋糕全部吃掉，請試著實行一次。

如果孩子氣沖沖地問：「為什麼妳把蛋糕吃掉了？」媽媽只要回答，「我有叫你，但是你沒有回應，我以為你不想吃，才把蛋糕吃掉了。」就可以了。我想這麼一來，下一次孩子應該就會乖乖聽話了。

另外，孩子在出門前總有拖拖拉拉的情形。想必各位父母都有一再催孩子起床，提醒孩子趕快吃早餐，協助孩子換衣服的經驗吧？

孩子對父母的反應可全都看在眼裡，因此，他們的內心會認為「沒關係，反正媽媽會等我。」「反正快遲到時，媽媽就會替我想辦法。」無論父母多麼生氣，對孩子而言，也不過是「例行的嘈雜音樂」，隨便聽聽就會拋諸腦後了。

所以，如果孩子一直不出現，你只要說聲「媽媽要先出門囉！」然後直接出門去就可以了。孩子如果不起床，別理他就可以了。這麼做的話，孩子不知不覺就會意識到「如果沒有搭理媽媽，就會給自己帶來麻煩。」然後就會自動自發、乖乖聽話了。我認為在訓練孩子聽話的同時，也能培育孩子獨立自主的性格。

請為孩子說明他正在做的事情

也許各位會感到訝異，但事實上，真的有不少孩子不知道「自己正在做什麼」。孩子自己會走路、會跑步、會睡覺，但這些都是孩子在無意識下做出的行為。因此，首先，我希望媽媽們能夠告訴孩子，「現在你正在走路喔！」「我們現在是在跑步。」「現在是紅燈，所以我們必須停住腳步。」等等，一項一項地將目前正在做的行動化作言語來告訴孩子。

如果孩子能夠完全理解自己正在做的事情，就可以進入下一個階段，即判斷孩子在接收到指令時，是否能夠真正了解命令的涵義，繼而做出正確行動的階段。

例如，孩子是不是只是因為突然被父母拉住手，而不是因為聽到「停下來！」的命令才止住腳步的。

觀察幼兒集合在一起的群體行為之後，便可以明白孩子多半無法一項一項地理解大人所下的指令並進行動作。

為了說明箇中原因，我就以大人做出「大家到這邊集合」的指令為例吧！有個孩子聽到指令後直接起身往這裡走來，而他身旁的孩子在看到第一個孩子的行為後，便「仿效」第一個孩子的動作，也跟著起身走了過來。

習慣看著他人的反應跟著行動的孩子，注意力經常放在他人身上，他將在不知不覺中成為不懂得聽話的人。

而另外一方面，就算只下一次指令，也能在聽到指令後自己開始行動的孩子，永遠都能在正確接收指令後有所行動。我認為這與模仿眼睛所見，再跟著做相同動作的孩子，本質上有相當大的不同。

所謂的指令，基本上是指「請去做某個動作」，因此，首要課題就是盡量讓孩子了解各種動詞，如「跑步」、「下車」、「拿過來」之類的詞彙，就算只多認識一個詞也不嫌少。

為了達到這個目標，我建議父母應該從日常生活做起，在行動當下，就讓孩子認識目前正在做的行為。

每天與孩子共讀五本書

唸書給孩子聽（親子共讀）是各方專家都推薦的方式。提倡反覆練習百格計算的陰山英勇先生（日本尾道市立土堂小學校長）也說過，「唸書給孩子聽是很重要的，因為這將影響他們的語言能力。」而我在我的班級中，也不斷地提醒母親一定要跟孩子一起閱讀。

由於「聽」可以培養語言能力、想像力及忍耐力等，因此，在幼兒時期唸書給孩子聽是非常重要的一件事。

至於「什麼時候唸書給孩子聽最好？」「一天要唸多少書呢？」這類問題，我總是這麼回答，「開始唸書的時間越早越好，最好是還在肚子裡時就開始唸書給他聽。如果是剛出生的零歲嬰兒，請反覆地唸同一本書給孩子聽。」

請父母一天至少為孩子唸五本書，不需要每天換不同的書，只要有一本是連續數天、反覆地唸給孩子聽的，其餘四本則可隨時以新書取代。

我推薦這樣的方式，如此一來，五本書就可以分別唸二十次以上給孩子聽了。

親子共讀的時候，父母唸書的語調請盡量帶有情感，並且要邊注意孩子的反應，讓孩子邊看插畫邊為他們說明也是非常好的方式，這麼做也可以讓孩子增添新知識。

倘若父母每天都能持續為孩子唸五本書，就可以辨別出孩子對哪本書有興趣。若是如此，再請你每天反覆唸一本孩子感興趣的書，如果孩子聽出興趣來了，要求「再多唸一點」，那麼不管是唸一百次或兩百次，都請你唸給孩子聽吧！雖然孩子在剛開始聽故事時不見得聽得懂，但唸了許多遍之後，孩子在不知不覺中就會慢慢地理解故事內容了。

像這種「加強理解語彙的能力」，就是親子共讀的最大效用。

反覆唸同一本書對成人而言很容易厭煩，但對孩子而言卻絕對不會有這樣的困擾。孩子最喜歡重複做同樣的事情了，因此若只唸一次故事書就結束的話，唸書給孩子聽的意義也就喪失了一半，因為一來孩子不懂故事的意義，二來孩子也無法理解故事的內容。

「該唸什麼書給孩子聽呢？」這也是母親們最常提出的問題之一。若是孩子感興趣，我認為唸什麼書都沒有問題，但在孩子尚年幼時，避開內容殘忍，以及會讓孩子感到害怕的故事會比較妥當。

我個人認為，父母務必要將源遠流長的名作也列入書單之中。因為超越世代、永垂不朽的故事蘊含深奧的哲理、教育意義及警惕等各種價值。若孩子的年齡在五歲左右，我建議父母可以開始唸偉人傳記，因為這個年齡層的孩子已經能夠了解名垂青史的偉人們的生活和思考方式了。

書店與圖書館都會列出適合孩子閱讀的推薦書單，在眾多繪本和童書之中挑選出高品質的書籍，以方便父母選購，我認為父母可以把它當作選書參考。

藉著「鸚鵡學話遊戲」，讓孩子反覆唸長句子

所謂的「鸚鵡學話遊戲」，是指父母唸某些句子，然後讓孩子跟著唸相同句子的遊戲。重點在於一字一句都必須正確無誤地完整唸出。

重覆唸單字比較簡單，但唸句子對孩子而言難度就比較高了。如果孩子的注意力不夠集中，沒有一字一句地仔細聽的話，是無法成功地重覆唸出句子來的。

遊戲的目標是讓孩子能夠記住主詞加述詞共七個字以上的句子，可是，一開始就要孩子唸長句子是有困難的，所以就先從短句開始挑戰吧！

例如：在父母說完「那隻狗正在走路」之後，讓孩子也跟著說「那隻狗正在走路」。這個時候，不曾接受過聽力訓練的孩子，就會連這個短句都無法重覆唸出，多半只能唸出「狗正在……」等前幾個字或「狗」一個字就結束了。

在我的課堂上，在孩子能清楚講出「那隻狗」的「那隻」與「正在

走路」的「走路」之前，我會反覆不停地訓練孩子。若孩子立刻就能說出「那隻狗正在走路」的話，那就再加上「白色」、「巨大」等形容詞，慢慢地將句子逐漸加長。

「白色而巨大的狗正在街上走路。」

這句話包含「白色」、「巨大」、「狗」、「在街上」、「正在走路」五個資訊。這句話對孩子而言已經是很大的挑戰了，若孩子在一開始時無法記住整個句子，也請你不要著急，一小段一小段地分段教，讓孩子漸漸地記住句子就行了。

首先在「白色」的部分分段，讓孩子重覆誦唸，接下來在「白色而巨大的」的地方斷句，再讓孩子誦唸……

如此反覆唸誦，孩子漸漸就能朗朗上口了。

當孩子將整句話一字一句正確無誤地唸出來時，請對孩子說「好極了！」並加以大力讚賞，孩子感受到達成目標的快樂，繼而就會顯現出想學習其他句子的渴望。

總之，技巧就是以遊戲的方式讓孩子能在快樂中學習事物。

與重覆唸誦相反的是「倒著唸」，這也能讓孩子專心進行聽話訓練。方法是，媽媽說「5、8、3」時，孩子就必須倒著說「3、8、5」。由於必須在腦海中消化媽媽所說的「5、8、3」等數字後再將加以對調，因此需要極大的專注力。

說 孩子跟你說話時，請你務必回應

在孩子能夠記住語彙後，就會利用這些語彙造各種句子。所謂的會話，就是有一方說話，而另一方針對話題予以回應而成立的；因此，若是孩子跟你說話，請一定要確實地給予回應。

倘若你只是回答「嗯、嗯。」「什麼？」「對啊！」地回應，孩子會感覺到「父母沒有認真在聽自己說話。」

讓孩子感受到你切實認真地聽他說話，是訓練孩子表達的重點。你有用心與孩子對話嗎？我想應該有父母因為忙碌而無法跟孩子好好說話的吧。

為了讓父母注意，孩子一而再、再而三地努力表達自己想說的話，結果卻無法得到父母的回應，此時他的內心會有何感想呢？

「爸媽根本不想跟我說話嘛！」於是孩子可能選擇放棄，閉上嘴不再說話。不少孩子會從此變得沉默寡言。

這種情形也適用於甫出生的嬰兒身上。即使嬰兒不會說話，嘴裡也會「哇～啊～嗚～」的發著音。這個時候，即使嬰兒聽不懂你說的話，也請看著他的眼睛說「我是媽媽喔！」「你在說什麼呢？」等話語給予回應。

嬰兒試圖與父母對話，卻受到漠視的話，將來可能會出現學習遲緩、理解的字彙過少，甚至發生無法與人溝通的嚴重情形。

我想，為人父母者都希望將孩子養育成能充分說明、表達自己意見的人吧！而這就需要父母認真傾聽孩子說話，並且給予回應，才有辦法實現。

對於能充分表達意見的孩子，父母除了傾聽，更要給予回應

曾有孩子由於在學習語言的時期受到父母忽略的緣故，以致長大成人後無法建立人際關係、無法進入社會與他人共事。

而這個孩子的雙親，都是在專業領域中相當知名的大學教授。

但是，在第二個孩子誕生後不久，這名父親就與其他女性在外築起愛巢，幾乎不再回家；而母親則在大學任教之餘，在自家開設鋼琴教室，每天都處於極度繁忙的狀態。

鋼琴教室經常到晚上十點、十一點才休息，而在上課時段，這對小兄妹則被另外安置在其他房間。

而這兩個孩子就安靜地坐在完全幽暗的房間地板上，乖乖地等待著母親。

當第二個女孩三歲時，想見孫子卻怎麼也見不著的奶奶終於能與他們

一起生活，也終於在此時發現，兩個孩子（特別是女孩）居然無法對人清楚表達自己的想法。

在那之後，女孩始終無法消弭與他人的溝通障礙，而帶著這樣的人格特質逐漸長大成人，目前在身心障礙相關設施裡工作。她的哥哥也在數年之後，脫離一般人依循的生活模式，步上完全孤獨的人生。

因此，就算雙親都是非常聰穎的大學教授，一旦放棄親子之間的對話互動，每天過著沒有引導孩子說出自己的想法或語彙的日子，最終還是會得到這樣的結果。

這也就是說，母親對自己的孩子抱持著「即使我不在身邊，孩子也不哭不鬧，這些乖巧的孩子們真令人放心」的心態，在孩子無法辯解的情況下，父母逕自認為這是件好事，而不主動和孩子說話的態度，會讓孩子越來越感到孤立無援。

這位母親應該要及早省悟孩子並不是「乖孩子」，而是因為被棄之不顧，感到「孤單」，才會變得安靜。

孩子是在感受到與雙親之間的穩定關係和感情後，才會敞開心扉、開口說話的。因此，在孩子開始說話的時期，父母必須主動製造與孩子說話的氣氛才是。

傾聽孩子說話的內容固然重要，但也不可忽略要多主動與孩子說話。

請別妄下斷語，讓孩子把話說完吧！

有許多母親因無暇細聽孩子說話時，或孩子的想法與自己的相左時，就劈頭回道「那樣是不對的吧？」全盤加以否定。

而這種做法會讓孩子變得不想說話。

在孩子發表意見時，父母以「我現在很忙，晚點再講！」為由打斷孩子的話，與孩子想表達的事被父母搶先打了回票，是相同的情形。

這也許是父母無意間做出的反應，但這樣一來，孩子說話的機會就會變少，而嘴巴也會跟著閉上了。

大人如此不重視孩子的感受，會讓孩子不再願意開口說話。因為孩子的要求會被父母先知先覺地拒絕的緣故，所以，孩子就會認為「反正不開口說話也沒有關係」。

用言語表達自己的意見，這對於人的成長是相當重要的事。在孩子年幼時開始，讓他學著說出內心的想法吧！

而這個時候，就算孩子幾乎說不出話來，或是有說錯話的情形，也請父母認真地聽完，「等待」是有必要的。

為孩子製造大量向他人做自我介紹的機會

自我介紹，也就是嘗試自己向他人說明自己，是非常好的「說話」練習。

對孩子而言，在家人以外的人面前說話是很緊張的。若孩子生性怕生，恐怕還會緊張到全身僵硬的地步。

從住家附近的爺爺、奶奶、親戚等孩子認識的成人開始做自我介紹是最好的，孩子逐漸習慣之後，再讓他試著在初次見面的人面前介紹自己。

這個時候，請讓孩子清楚說出「我的名字是陳志強」這樣的全名，若是連自己的年齡與住址都能一併介紹的話就更好了。

倘若孩子扭扭捏捏、用小到幾乎聽不見的聲音說話的話，請用溫柔的語氣告訴孩子，「你的聲音這麼小，爺爺

會聽不到喔！我們說大聲一點吧。」給予孩子支持。不可以用「你這樣人家會聽不見吧！」的嚴峻口氣講話，否則會造成反效果，讓孩子變得更加畏縮。

此外，不管孩子講話多麼結巴，也請父母不要代替孩子做自我介紹。我經常能見到當他人詢問孩子「你叫什麼名字？」「你幾歲？」時，父母卻代為回答的情景。這是讓孩子練習說話的大好機會，就算孩子無法清楚表達，也請讓他自己做自我介紹。在我的教室，有專為不擅言語，或是能與朋友交談，卻無法與其他人順利溝通的孩子開設的「表達能力」課程。

鼓勵孩子說話的重點在於，當孩子說話時，大人絕對不可以挑孩子的語病或打岔。當然，更不可用強迫性的言語逼迫孩子說話。因為父母若這麼做，孩子就會顧慮周遭所有人的反應，而無法直率地表達想法。讓孩子說話的目的在於「說話」這個行為本身，而不是要求說話的內容，請父母千萬別搞錯了。

我的班上曾有一位不願開口講話的孩子，根據孩子母親的說法，這個孩子在幼稚園從不曾開口和老師或朋友說過一句話。

雖然那個孩子參加了「表達能力」的課程，但在進行會話練習的時候，孩子卻不坐在座位上，而是躺在教室後頭一動也不動地睡大頭覺。縱使孩子的母親對孩子面露嚴峻的表情，但我仍然相信孩子總有一天會開口說話，所以就放任那個孩子自由行動。後來，在某一堂課上，那個孩子突然就坐回椅子上，也願意開口說自己的名字；約莫半年後，孩子已經會自動舉手發言了。

請父母務必注意的是，有這種狀況的孩子在說話時，你絕對不能指正他說話的內容，或者打斷他的話。

讓孩子說完「請給我○○」之後，再將東西交給他

前面已經提過，父母不可打斷孩子的話，先讓他講出想表達的事情，

重點在於讓孩子完整說出「請給我○○」。

同樣地，在他提出完整要求前也不可先給孩子想要的東西。

即使孩子不說，父母也對孩子的喜好、想要的事物瞭若指掌。因此，孩子在尚未開口要求之前，父母就先洞悉孩子的想法，然後說道：「來，這是你喜歡的多啦A夢香鬆喔！」並將香鬆遞給孩子。

如果父母總是為孩子這麼做，孩子就會變得完全不會主動說「請給我○○」、「我想做○○」、「我想要○○」，甚至成為沒有主見的人。

在我的課堂上，在孩子學會說「請給我〇〇」之前，我是什麼都不會交給孩子的。雖然是使用各種教材來進行課程，但務必在孩子說了「請給我黃色籌碼」或「請給我紅色膠帶」之後再遞給他。

對無法說出「請給我〇〇」的孩子，父母要明確地告訴孩子，「你不說『請』的話就不能給你喔！」或「想要東西時，該怎麼說才對呢？」然後等待孩子學會使用這樣的句子說話。

反覆做幾次之後，孩子就會明白不說「請給我〇〇」、「請幫我做〇〇」，就得不到想要的事物的道理了。

訣竅在於，當孩子真正需要某項物品時，趁機教孩子正確的說話方式。在家裡時，讓孩子說出「請給我茶」、「請給我果汁」等話語之後再遞給孩子，實際讓孩子去商店購物也是個不錯的辦法。

近來，由於雜貨店或魚店等獨立商店有減少的趨勢，在商店使用「請給我〇〇」的機會可能也變少了。

但還是可以在書店或蛋糕店等場所練習說話，讓孩子在餐廳自己點想吃的餐點也是很不錯的方法。

因為孩子原本就對許多事物抱有強烈的「我想自己試試看」的欲求，能夠得到自己要求的東西，內心的滿足感應該很大。必須讓孩子知道，若能表明自己想要的，東西就能到手。

而這個時候，也請你注意孩子在提出請求時的說話方式。

詢問孩子「你想要什麼？」時，有的孩子只以「鉛筆」這種單字來回答；這個時候，父母就要說：「只說鉛筆兩個字，我不懂你的意思。」來引導孩子說出「請給我鉛筆」這樣的完整句子。若孩子說話聲音太小，父母就要說：「我聽不見，說話大聲一點。」教導孩子清晰地表達。

要讓孩子記住，若無法清楚地表達自己的意思，就無法將想法傳達給對方知道。

「喂，我是小健，媽媽在嗎？」
「我就是，有什麼事嗎？」
「今天晚餐吃什麼？」
「今天吃你最愛的漢堡喔！」
「耶！要煮好吃一點喔！」

讓孩子用電話與他人做會話練習

我在孩提時代，曾與朋友以一種細棉線連接紙杯的「紙杯電話」來玩通話遊戲，想必現在的孩子很少聽過這個遊戲吧？

即使如此，我還是要推薦利用電話遊戲來讓孩子進行會話練習。不是真正的話筒也沒關係，只要使用家裡類似話筒的物品，讓孩子以遊戲方式來體驗打電話的樂趣。

「鈴——鈴——」（電話鈴聲）

子：「喂，這裡是田中家。」

父母：「你好，請問小健在嗎？」

子：「你好，我就是小健，請問你是哪位？」

父母：「我是你養的小狗約翰。」

子：「約翰！有什麼事嗎？」

父母：「我明天想去散步。」

子：「好啊！你想去哪裡？」

父母：「小健覺得去哪裡好呢？」

子：「嗯……我覺得……」

以這種方式繼續對話。

若是用這種快樂的感覺來進行電話遊戲，想必孩子會覺得很開心。

如果孩子藉由電話遊戲習慣了打電話的應對方式，就試著讓他實際地打打電話吧！一開始最好先從熟人如爺爺或奶奶的家開始。接到孫子的

藉由一邊碰觸各個部位，一邊教導孩子部位的名稱，孩子會記得更清楚。

電話，相信爺爺奶奶也會很高興，光是回答由爺爺奶奶提出的「幼稚園好玩嗎？」「交到朋友了嗎？」等問題，就足以當作孩子的會話練習了。

若是孩子對於講電話這件事有了自信，接下來就讓他打電話給其他人吧！

孩子做不到吧？打電話給其他人應該很困難吧？大概會有人擔心這些問題，但孩子應該很容易就能記住電話的應答方式，並且成功地展現之前練習的成果才是。

講電話時看不見對方的表情與動作，因此孩子會專心傾聽對方說話，因此，這個練習可以同時訓練說話與傾聽兩種能力。

讓孩子慢慢說出生活中所見事物的名稱

這不僅可以作為會話練習，也是可以拓展語彙能力的訓練。做法很簡單。只要針對日常生活發生的所有情景，孩子親身接觸到的事物名稱慢慢地教導他們，再讓孩子覆述即可。

這和前面所說的，讓孩子在購物時說出物品名稱的做法相同。在為孩子洗澡時，父母可以一邊觸摸孩子的身體，一邊教育孩子「這是手指、手掌、手肘、肩膀、脖子、頭、肚臍、膝蓋、屁股」等，並讓孩子跟著說一遍。

在幫孩子換衣服時，父母可以一件一件地指著衣服，邊問孩子，「這是什麼？」「襪子！」

「沒錯！那是什麼顏色呢？」「白色！」

「這件連身裙是什麼顏色呢？」「藍色！」

「附在這上面的是什麼呢？」「嗯……是鈕扣嗎？」

「沒錯，你懂得好多啊！」

以諸如此類的方式，在各種情況下讓孩子覆述名稱，孩子就能逐漸地累積語彙。若是知道基本語彙，孩子便能自然而然地進入下一個階段（接受下一項刺激）了。

例如，已了解「杯子」的意思的小梅，會開始尋求更多的資訊。

「這個杯子真漂亮，跟我看過的杯子不一樣，這個杯子上有花朵的圖案。」

而另一方面，小凱並不懂「杯子」的意思，因此，他一邊問「這是什麼？」一邊抓著杯子的握把猛瞧。

你們知道小梅與小凱之間有著相當大的知識差距嗎？

像小凱這樣的孩子，大人會說：「這叫作杯子喔！杯子。」僅給予這些資訊就可以了。

然而，若像小梅這種已經知道杯子是什麼的孩子，就可以慢慢教她，「這是用玻璃做成的喔！」或是「杯子上畫著好美麗的畫喔！這種花叫作鬱金香，鬱金香是在春天開的花……」等資訊。

像這一類的知識，在孩子有了一定的基礎後，就可以自己開始擴充。

為了盡量提升自主學習的能力，請從孩子年幼時就教導孩子各種知識吧！

製造能親近文字的環境是很重要的

好奇心強的孩子，較早的從兩歲開始，就會對文字感興趣，而一般的孩子則會在四歲左右一一詢問，「這個字怎麼唸？」「那這個呢？」「這個呢？」「這邊的呢？」

父母能否抓住這個瞬間，回應孩子對知識的渴望，能決定孩子學力的基礎，這麼說一點也不為過。

若孩子詢問「這是什麼字？」請立即告訴孩子。再者，請為孩子創造能大量認識文字的機會。在唸繪本給孩子聽時，可以邊唸邊用手指著文字，也可以寫給孩子，然後讓孩子練習讀出信的內容。

話雖然這麼說，要讓孩子看懂文字卻相當費工夫，但是用強迫的方式逼孩子讀書是不對的，因為這麼做會令孩子討厭讀書。

在讓上小學之前的學齡前孩童記憶字彙時，必須讓孩子有「會唸文字很有趣」的積極想法。因此，別只讓孩子坐在書桌前，帶著孩子一起出門去吧！

文字俯拾即是。廣告招牌、車站的站名、路標、家裡的門牌等，實際上可以運用的東西不勝枚舉。

讓孩子觀察這些招牌，再唸出上頭的文字給他們聽就可以了。就算招牌上全都是國字，父母也無須擔心「國字這麼難，孩子應該不會唸吧？」等問題。即使孩子當下記不住，看過幾次之後，自然而然就會唸了。

別強迫孩子、別讓他們討厭唸書，這點比任何事都來得重要。我希望能以讓孩子感覺到「好有趣！」「我想知道更多！」的方式，來製造讓孩子能親近文字的環境。

倘若要讓尚未就學的孩子牢記文字的話，就必須花時間一個字一個字仔細地教導。以注音符號「ㄅ」為例，要讓孩子看「ㄅ」約一百次，而且父母得反覆說明，「這是『ㄅ』喔！『ㄅ』。」如果孩子看「ㄅ」看了一百次，大概就能夠了解「ㄅ」的形狀與唸法了。

接下來再教孩子「ㄆ」吧！

讓孩子看了「ㄅ」之後再提出「ㄆ」。這麼一來，就算孩子不會唸「ㄆ」，也會知道這個符號與自己所認識的「ㄅ」不同。

剛開始只要做到這樣的程度就夠了。與記憶「ㄅ」的做法相同，讓孩子也看「ㄆ」約一百遍的話，孩子就會認識「ㄆ」這個字了。用這樣的方式讓孩子一個一個地記住注音符號，漸漸地增加數量。

各位在看如韓文、阿拉伯文這種一整排全是外文的文字有什麼感覺呢？幾乎很難區別吧？

　　同樣地，對孩子而言，每個注音符號幾乎都長得差不多，因此會抓不到符號的特徵。之所以讓孩子逐一地看它個五十遍或一百遍，就是為了讓他們掌握符號的形狀與特徵。若是孩子已能記住五、六個左右的符號，就會領悟到訣竅，之後就能以更快的速度記憶新的符號了。

　　有件事父母務必要注意。為了讓孩子記住符號，有些父母在教育孩子像「ㄇ」這個符號時，會以「就像『門』或『蓋子』的形狀」這種帶入孩子認識的物品的方式來教導孩子，這種方法我並不推薦。

　　若是只教「ㄇ」這個符號，孩子可以直接記住它的形狀，但如果教「門或蓋子的形狀」，反倒會讓孩子先聯想到門與蓋子，而無法直接想到「ㄇ」。

　　因此，雖然市面上售有畫著圖案的注音符號表及卡片，但我認為只寫著注音符號的表效果會比較好。

　　無論從哪一個注音符號學起都無妨，若是孩子有喜歡的符號，那麼就從那個字開始學起吧！也有人是先從自己的名字開始學習的。

試著用兩個注音符號來組合成單字

如果孩子大致上已經會讀所有注音符號了，那麼就來挑戰兩個符號組成的單字吧！例如，孩子就算會唸「ㄐ」、「ㄧ」、「ㄢ」等一個個的符號，卻不知道將個別的符號加以組合之後可以變成一個字詞。實際練習時，從哪個注音符號開始組合都沒有關係。

教導孩子將「ㄐ」加上「ㄧ」之後就成了「公雞」的「ㄐㄧ」，這就是繼「讀」之後的下一個階段。

製作幾張注音符號卡片，貼在房間四周，如此一來，孩子在經過這些卡片時，可以讓他讀一讀上頭的符號。

一開始的時候，孩子雖然是「ㄐ……ㄧ……」個別地讀著，但讓孩子多唸幾次後，就可告訴孩子組合兩個符號之後就會成為有意義的字彙。父母要留意孩子意識到將「ㄐ」與「ㄧ」拼湊起來就成了「雞」這個字的瞬間。

例如，孩子唸出「ㄐ」與「ㄧ」的間隔時間會漸漸縮短，然後就會將

「ㄐㄧ」與「雞」連結起來。

這個時候，孩子臉上會浮現發現新大陸般的表情，只要父母用心觀察就能察覺。而且從此之後，孩子就越來越能理解注音符號的組合方式了。

像這種突破障壁、視野豁然開朗的情形稱為「突破點」（breakthrough）。父母在捕捉到突破點的瞬間可以說：「哇！好厲害喔！現在你說的是這個嗎？」如果孩子的學習意願很高，你也有時間的話，還可以製作「雞」、「機」、「肌」等字卡給孩子看。

這麼做的話，孩子一定會覺得驚訝。因為學到目前為止，一直都沒有任何意義可言的文字，結合之後居然能變成有意義的字彙。

孩子會因為這個新發現而異常興奮，臉上顯現出相當開心的表情。因此，誇張地褒勉孩子「好棒！好厲害喔！你會唸這個字了耶！」是很重要的。

若是孩子會唸「ㄐㄧ」的話，接下來就使用孩子已經學會的「ㄐ」與「ㄧ」來延伸製作更多的卡片，如加上其他的注音符號卡片，然後依照前述方法指導孩子。因為孩子已經抓住訣竅，學習時想必更能夠輕易地學會唸法。

倘若孩子已經會唸「ㄐㄧ」、「ㄐㄧˇ」、「ㄧㄢ」、「ㄧㄢˋ」、「ㄐㄧㄢ」這五個拼音與相關字彙，就可以加入全新的符號。

例如，拿了「ㄇ」這個單字卡，就能教孩子「ㄇㄧˇ」、「ㄇㄢˊ」，若教「ㄊ」，就可以教孩子「ㄊㄧ」、「ㄊㄢˇ」等拼法與單字。如果依照這個方法，即使孩子會唸「ㄧ」卻不會唸「ㄇ」、「ㄊ」，也能夠輕易記住新教的符號。

像這樣在已認識的注音符號上增加新的符號，孩子就會因為有了新發現而感到喜悅，然後漸漸學會其他的新符號。

首先，請你製作約一百張兩個注音符號組合的卡片，然後再做五十張三個注音符號組合的卡片。如果孩子在看了這些卡片之後，能夠理解大多數單字的意思，應該就能看懂簡單的兒童繪本了。

我在這裡推薦一種應用方式給各位父母，那就是針對要給孩子閱讀的

用圖畫紙製成多份單字卡
並貼在房間四周。

當孩子經過卡片前時，
父母要趁機告訴他「這
是『ㄐ』。」「這是
『ㄧ』。」並讓孩子跟
著唸一次。

繪本先做好專用的注音符號卡與單字卡。

當孩子開始閱讀該繪本時，會因為在書本上不斷地看到已認識的單字，而信心滿滿地開心閱讀。如此一來，孩子便會覺得「原來書是那麼簡單就讀得懂的啊！」而改善對書本的印象，並且會出現想閱讀更多書籍的想法。

如果孩子認為「看書根本不難嘛！」父母就可以為孩子準備更多適合閱讀的書籍。

但是，最好把唸給孩子聽的書與讓孩子自己閱讀的書分開。為孩子準備讓他自己閱讀的書籍，可製造孩子不需父母的協助，卻能自行閱讀全然陌生的新書的機會。

孩子達成目標時，內心將無比感動。

先讓孩子看他認識的單字卡片。

來，小健，卡片上的字要怎麼唸呢？可以唸給我聽嗎？
ㄧ
ㄚ
嗯
鴨
蝦
左邊這個字唸成『ㄒ』喔！
ㄒ
ㄧ
ㄚ
那這個呢？
嗯

在會唸的注音符號中只混入一個新的符號。

在會唸的字彙中夾帶一個不會唸的生字

我在講述由兩個注音符號構成的單字時已經說明過，在孩子看不懂的注音符號之中參雜已知注音符號所產生的「字彙」，他們會比較能夠記住。

雖然有人只給孩子看他們覺得困難的注音符號或單字，但這種做法反而會造成反效果。

被一堆完全看不懂的文字包圍，會讓孩子油然生起一股「看不懂」的感覺，而有可能會因此喪失好不容易對文字萌生的興趣。

如同我先前一再提到的，讓孩子感受到「看懂文字是件快樂而愉悅的事」，是最重要的。

除此之外，孩子最討厭被大人測試了。若大人不斷地問孩子，「你看得懂這個字嗎？」孩子就會對閱讀失去興趣。

H君在一歲多時就看得懂幾個字，但或許只是偶然吧！H君的父母知道這件事之後測試他好幾次，發現他真的懂這些字，於是興奮地將他帶至奶奶家，想讓奶奶也分享這個成果。

在奶奶家也同樣被測試了好幾次，而H君也因大人的讚美感到十分開心，並且也數度回應了大家的期盼。但一陣子後，H君在看到字卡後卻漸漸變得沉默不語，我想這應該是他對於被測試這件事感到厭惡所產生的反應。

「我知道不可以做，但還是一次又一次地做了……」孩子的母親非常後悔，只可惜為時已晚。

諸如此類的例子屢見不鮮。我可以理解父母想測試孩子是否真的會唸或了解的心情，但絕不可讓孩子發現父母有這種心態，否則可能挫折孩子好不容易建立起來的興趣。

可是，當孩子主動詢問「這個字怎麼唸？」時，請父母當下就為孩子說明。

重點在於，要製造出「這個字要怎麼唸呢？」的輕鬆問答氣氛。

嗯……爸爸說，「給小美，今天的成果發表會要加油喔！」哈哈！
Memo
太好了～
哇！這是爸爸寫給我的信耶！

孩子滿心喜悅地閱讀父母寫給他的信，若有看不懂的字則請你協助指導。

在已知的文字當中夾雜一個孩子不懂的生字，這樣的做法是有效果的。父母在製作繪本單字卡片時，請參考這個原則，孩子一定會問父母，「這個字要怎麼唸？」

給父親的建議：請寫一行信給孩子

我想應該有很多抽不出時間與孩子相處的父親吧！父親一大早在孩子尚熟睡時就出門，而晚上回到家時，孩子卻已經安然入睡了。

我期盼那些幾乎無法與孩子說到話的父親每天寫封信給孩子。孩子最喜歡收到專門為他寫的信了，或許他看不懂冗長或含有艱深字彙的文章，但如果信裡只是簡單的一句話，那麼不論是唸或寫，都有辦法每天持續下去吧！

ㄍㄟˇ ㄍㄨㄛˊ ㄓㄨㄥ：

ㄇㄥˇ ㄊㄢ ㄧ ㄑㄧˇ ㄑㄩˋ ㄧㄡˇ ㄉㄜˋ ㄩㄢˇ ㄨㄢˇ ˙ㄅㄚ！ㄅㄚˋ ˙ㄅㄚ。

ㄍㄟˇ ㄇㄥˇ ㄧˊ：

ㄩㄣ ㄆㄨㄥˊ ㄏㄨㄟˊ ㄧㄠˋ ㄐㄧㄚ ㄧㄡˇ ㄛ！ㄅㄚˋ ˙ㄅㄚ。

將信放在孩子的枕頭邊，孩子在早晨醒來之後就能開心地閱讀了。若有孩子不認識的字，則請母親唸給孩子聽。

這個方法不只是父親可以運用，也很適合必須上班的母親。

即使平常與孩子相處的時間很短，但我認為有了這僅有一行字的信，就足以使孩子思念起母親，也讓他們有母親隨時隨地都陪伴在身邊的溫暖感受。

請在孩子看得懂的文字之中適度夾雜一、二個生字，孩子應該會想詢問，「這個是什麼字？」

如果孩子已習慣看一行字的信，我建議可以慢慢地將內容增加到二、三行，這樣孩子就能在毫不感到辛苦的情況下進入下一個階段。

只有一行字的信不僅可以當作閱讀文章的練習，也可以增進親子之間的溝通，實在是一舉兩得的方法。

讓孩子唸出在街上看到的「文字」

記住，「讀」的第一要件是，「會讀是一件快樂的事」。

如果孩子已經熟知注音符號的卡片、單字卡片與一行字的信等文字，那就帶他們上街去吧！

街頭到處都是文字。與其他事情相較，孩子最愛在外面遊玩了。在愉悅而振奮的情緒輔助下，孩子應該更能夠記得住文字。

對喜愛動物的孩子而言，動物園是能讓他們感到開心的文字寶庫，那裡到處都有解說文字，也可以找到大量的注音符號，利用這些來做閱讀練習也是很不錯的方法。

孩子能夠在喜歡的動物前面一邊看牠活動，一邊記住「ㄕ．ㄗ」（獅子）、「ㄇㄚˇ」（馬）等文字。只要能將實體與名稱連結並記在腦海中，就不容易忘記了。

稍微看得懂一點注音符號的孩子，想必會指著自己感興趣的符號問你，「那是什麼字？」

我不認為孩子這麼問是想了解這個字所代表的意思，他只是想知道那個字的唸法罷了。請父母逐字地、仔細地教導孩子。

已經開始認識國字的孩子，則可帶他們到車站。「售票處」、「乘車處」、站名等，父母可以一面指著這些文字，一邊跟孩子說，「你看，這裡寫著車票。」「這站是台北，上面有寫喔！」一面為孩子讀出所看到的文字。在街頭出現的文字，國字的比例是比注音符號高的，但請父母不要在意這一點，直接教導孩子便可。對孩子來說，筆畫數較多的國字反而容易抓住特徵。

小希因為在街上看過「富士見超市」的文字，所以在電視上看到富士山的景象或跑馬燈時，能夠正確無誤地說出「富士！」此時，父母可以開心地誇獎孩子，「你懂得真多耶！」也可以告訴他，「那叫作富士山，是日本第一高山喔！」

街上招牌上不僅只有文字，也有大量的數字。父母可以一面唸著招牌上的電話號碼與住址，一面教育孩子，相信孩子在不知不覺之中也能夠認識數字了。

關於數字的部分，我會在第3章做詳細說明。

孩子最喜歡成語

孩子喜歡成語？

應該有許多人並不認為吧？但真的是如此。我一開始也以為只有國字的成語，對於不懂文字意義的孩子而言一定很無聊。

可是，孩子的反應卻是完全相反的。

讓三、四歲的幼稚園學童看著寫了「一刀兩斷」、「霧裡看花」、「馬耳東風」、「因果報應」等字的卡片，然後逐一唸給他們聽，孩子非但不會覺得無趣，反而還會興味盎然地聽你唸著。連文字也都是異常認真地緊盯著，而且就算是連續看了一百張的成語卡片也不嫌煩。

為什麼孩子能如此開心地看著非常困難的成語呢？對於這種情形，我也感到相當不可思議，但腦海中卻浮現出一件事情。

難道這跟廣告文案有關嗎？

成語大多是在數百年前，甚至是千年以前所衍生的語彙。千年前的語彙到目前為止仍被頻繁使用，實在可以說是相當優秀。

正因為當時的文人創造出文字如此洗鍊的成語，孩子也才有幸能接觸到不是嗎？

現在也有優秀的文字創作者寫出許多標語，我不清楚這些標語能不能流傳百世，但跨越時代所傳誦下來的成語富有韻律感、意思明確，因此相當能被大眾所接受。

能夠流傳至今的成語，說它有「品質保證」也不為過。

不單只有成語，請你務必也試著將詩詞、俚語等唸給孩子聽，孩子絕對會雙眸閃亮地表現出極大興趣的。

第3章

利用食物進行「數學遊戲」，藉以提升孩子的算數能力

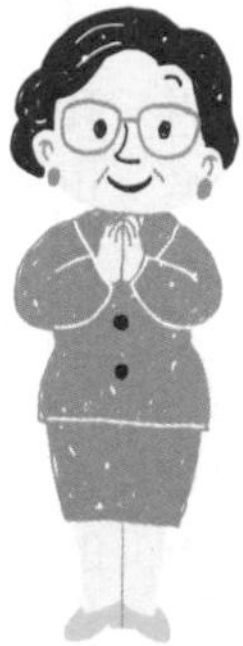

目前小學的教學進度相當快速，
孩子才剛學會一位數的
加法與減法，
就馬上得學習二位數的計算。
為了不讓孩子受到挫折，
應讓孩子從幼兒時期
開始習慣數字。
這一章主要是為你介紹
在孩子學習計算之前，
必須先進行的基礎「數學遊戲」。

能理解「1～5」五個數字，上小學就不可怕了

我在第2章提過，最近孩子有「聽力」低落的趨勢，能理解的字彙量也有大幅減少的問題。

而事實上，如果懂得的字彙貧乏，對數字的理解與計算能力也會隨之降低。

就以盤子上的三個筷架為例。問孩子「這是幾個？」時，也會有回答不出來且面露難色的孩子。

這樣的孩子並非不會計算個數，而是不懂「幾個」這個詞彙的意義。這是五歲左右的孩子還會發生的現象。

此外，我也觀察到現在的孩子對數字的理解能力有日趨低落的情況。過去由於每個家庭都會有許多兄弟姊妹，為了要分糖果或其他物品，所以每個人從小就對數字十分敏感，例如：三份物品要由四個人均分，或是蛋

糕要分成四等分等等的事，日常生活中經常會出現必須「均分」的情況。

但由於目前已進入少子化、以核心家庭為主的時代，因此家裡的東西相對地變多了，「均分」的機會似乎已不如以往的多。孩子們對於數字的敏感度變差，就是源自於缺乏這種生活體驗。

對於數字概念薄弱的現代孩子來說，在開始學習「1＋1＝2」等加減法之前，在日常生活中經常協助他們對數字有感覺，反而是比較重要的。

舉例來說，讓孩子將晚餐吃的煎餃五個五個地均分在符合家族人數的盤子內，或是將零食餅乾以相同的數量均分在每個盤子裡，然後計算剩餘的數量等。

將盤內食物一個一個地吃掉之後，最後就空空如也了——這就是減法。我希望母親們可以利用這個機會教育孩子，「這裡有五塊餅乾，因為妹妹吃了一個，所以剩下四個。」

累積諸如此類的生活體驗，是孩子接近數字與理解計算的第一步。

讓孩子理解與熟悉1～5等五個數字，就可讓孩子對算數與學力有最基礎的認識。然而，小學卻只有不到一個月的時間，就將這些課程全都講授完畢，在這樣的情形之下，當孩子真正感到挫折時就為時已晚了。

再者，在孩子確實明白這些基礎知識之前，對於所學習的內容恐怕也難以理解。

為了防止上述問題發生，本章將以極大的篇幅，來介紹教孩子學會1～5等數字的方法，目標是讓孩子在進入小學就讀之前，能從1數到100、能理解數字1～5，以及會寫1～10等。如果能夠達成以上目標，孩子在小學學習算術時就不會產生挫折感了。

別用算式來教孩子算數，改用食物來教吧！

我發現有些父母在教導孩子時，是直接拿計算題庫進行的。但是，連「1」的數學概念都尚未養成的孩子在學習「1＋1」時，也不過是機械式地死記數字罷了，並不能掌握增減事物的實感。

最好的方式是，一開始先不要教數字，而用東西的個數來讓孩子掌握「數」的感覺。我建議「用食物來教孩子算數」，因為食物是孩子每天都會接觸、也最能吸引他們注意的教材。

父母若利用食物，就不必另外準備教具，也不必跟孩子說「我們來學數學吧！」只要在吃飯或下午茶時間進行機會教育即可，簡單，也是使用這個方法的優點之一。

例如，三人小家庭的母親買了蛋糕回家，然後要求孩子「小惠，我們來吃蛋糕吧，請你幫忙拿盤子和叉子過來。」孩子不需大人提醒，也知道是全家人要吃蛋糕，因此盤子和叉子都拿了三份。

3這個數字，對孩子而言不單只是抽象的數，而是與實際生活相關的數字。

此外，在享用下午茶時，父母可以一邊計算餅乾的數量，一邊說，「1、2、3，給你3個。」同時將餅乾放在孩子的手心裡，這樣便可以讓孩子建立對數字的概念。

請依循這樣的方式，運用生活中各式各樣的情景，來讓孩子記住數字1～5。倘若運用食物，便可以用各種指導方式，藉由實際體驗教導孩子認識數字。剛開始時不要焦急，只要每天學習十分鐘，孩子自然而然就會認識數字了。

養成洗澡時彎手指數到「10」的習慣

如同一開始所說的，對數字1～5的理解是學算數的基礎。如果孩子能夠理解1～5，就應該也能理解1～10。但是，為了讓孩子能夠理解1～5，需要你付出相當長的時間。

若只是單純唸著「1、2、3、4、5」，孩子是不可能理解的。如果只是數數字，幾個月大的孩子也辦得到。能數數字並不等於可以理解。

在教孩子1～5之前，有一個非挑戰不可的預備操要做。

泡澡時，請和孩子一起邊彎指頭邊數1~10吧！

啪啪地輕拍肩膀，製造出節奏的方式也不錯。

要導入「5」這個數字時，可利用手指來做數數字的練習。因為人有五根手指頭，因此要教孩子一根一根地彎曲手指，同時唸著「1、2、3、4、5」。這個訓練並不需要在特定場所才能進行，想到時，就可以請孩子邊數「1、2……」邊做彎指頭的遊戲。若孩子已經熟悉了，就試著讓他一個人數數，等熟練之後，再讓他練習從1數到10。

我建議父母可以利用洗澡時間來進行這樣遊戲。每個人應該也有「若能數到10，就能繼續數下去」的經驗，所以請與孩子一起數數吧！如果是三歲的孩子，應該可以輕鬆數到50左右才是。

在泡澡時，父母一邊和孩子一起說出「1、2、3……」一邊用手拍孩子的肩膀，就可以製造出韻律感。我認為持續這樣練習，孩子很容易就能數到10了。

此外，最近市面上也能買到泡澡專用的幼兒數字學習教材。泡澡時除了玩玩具，偶爾也可以用這樣的教材玩數字遊戲，應該也是挺有趣的吧？

在數數的時候，讓孩子輕拍父母的肩膀也是不錯的。

車牌號碼、廣告招牌……讓孩子唸各種數字

在讓孩子親近數字的最初階段中，請你採取和教導孩子學單字相同的方式，讓他們觀察街道上出現的數字，並從旁指導。

父母可以看著廣告看板上的電話或地址、電梯的樓層按鈕、車子的車牌……邊唸「3、4、5、2、0」給孩子聽。孩子會如同當初記憶文字一般，如「3」就是「三」的方式，以形狀來認識數字。在這個階段，孩子並沒有理解3這個數字的必要，會唸就夠了。

關於在街道上隨處可見的數字，我特別推薦車子的車牌號碼。車牌的位置與孩子的視線相近，因此他們較容易看到上頭的文字，也很容易理解，是非常理想的教材。

「我們家的車號是，3、5、4、2、0。」

「奶奶家的車號是，8、9、0、2、3。」等等，到處都可以做練

我們家在幾樓？
嗯……6樓。
爸爸的車上有數字耶！是3、5、4、2、0喔！
35420
也可以活用停在停車場的車子，或公寓及百貨公司的電梯按鈕。

習。

我們也可以用這個方法讓孩子練習記憶「1～9」等數字。

此外，若是你住在公寓裡，就可以教導孩子「206」、「401」等門牌號碼，而孩子對於自己家的門牌號碼，應該能夠馬上記住才是。

若你的住處是那種必須在入口處按房號才能進入的類型，此時如果孩子已經記住房號了，那麼就請孩子按按鍵吧，這是訓練孩子以身體記住數字的大好機會。

電視遙控器也是孩子會開心地操作的東西。如果孩子看得懂文字，就請孩子幫忙按數字鈕轉換頻道吧！

倘若要邊玩遊戲邊做數字的記憶練習，則可使用撲克牌或骰子。

使用撲克牌的好處是，除了數字之外，卡片上還分別畫有與數字搭配的黑桃、方塊、紅心、梅花等圖案。先讓孩子選擇喜歡的撲克牌，再讓他們數一數選出的牌上共有幾個圖形。

如果父母能夠寓教於樂，孩子就會欲罷不能喔！

利用月曆與時鐘，讓孩子感受時間

另外還有運用月曆來教育孩子數字的方法。準備一份孩子容易辨認的大字型月曆，每天早上起床時，邊用手指著日期與星期邊說：「今天是〇月〇日星期〇」。這麼做能讓孩子不單只是記憶日曆上的數字，也能大大幫助他們掌握對日期、星期、季節的感覺。

我注意到最近有不會分辨天氣與季節的孩子。在我的課堂上，在開始上正課之前，我會向孩子傳達「今天是○月○日星期○」的訊息，還會一併加上「今天是晴天」、「是雨天」、「是陰天」等天氣說明。

即使詢問孩子「今天天氣如何呢？」回答不出來的孩子並不在少數。就算知道雨天得撐傘，孩子依然無法將天氣與「雨」作連結。另外，他們特別難以理解不出太陽也不下雨的「陰天」。

請父母以「花快要開了，春天降臨了。」「已經可以在泳池游泳了，夏天到囉！」等敘述，讓孩子了解與季節相關的景物與活動。

為了讓孩子能注意到季節的嬗遞變化，請父母務必將自然的風景及身體感覺化為語言傳達給孩子們理解。不僅限於知識的傳授，讓孩子用身體去記憶季節也是一件重要的事。

同時，我也希望孩子在上小學之前，能夠培養出「現在是○點」這種對於時間的感覺。利用房間內掛著的大數字時鐘來教導孩子時間感，會是

不錯的方式。

請時常指著時鐘告訴孩子，「現在是5點了。」「再過一會兒就是12點了，我們來吃午飯吧！」「現在是7點，爸爸快要到家囉！」藉此培養孩子的時間意識。

「要在7點之前起床喔！」

「過了8點就要去洗澡囉！」

請父母在日常生活中活用孩子已經了解的語彙，慢慢地在經過一段時間後，孩子便能確實掌握住「幾點之前」、「超過幾點」的感覺，也請你盡可能地使用「差5分就12點了」、「9點過10分了」之類的說法和孩子說話。

使用大數字時鐘的優點在於，眼睛一看立刻就能知道「幾點之前」、「超過幾點」的感覺，而單單只顯示數字的電子時鐘無法做到這一點，指針型時鐘是最理想的。

平日就頻繁地在時鐘前與孩子進行有關時間的對話，孩子應該就能自然而然地養成對時間的感覺。

沒必要使用教材來教育孩子，只要在日常生活中讓孩子理所當然地接觸時間，就能夠讓他們自然而然地掌握對時間的感覺。

用紙盤與麵包讓孩子掌握「1」的感覺

在我任教的課堂之內，剛開始教數字之時，會使用紙盤與塑膠籌碼當教具（經常擺在玩具賣場撲克牌區的彩色物品）。

準備3個紙盤，然後邊唸著「1、1、1」，邊將籌碼一枚一枚地置於紙盤上頭。雖然教室裡用的是五色籌碼，但在家利用食物來練習就夠了。用糖果或餅乾都可以，但我推薦用吐司。將吐司分成約二十五等分，然後代替籌碼來使用。

若特意準備教材，工作忙碌的母親肯定是辦不到的；若以食物做為練習教材，只消利用下午茶或吃飯前的短暫時間，就可以輕易地準備完成。

一開始只要在紙盤上置放一塊吐司，邊放邊唸著「1、1、1」。如果孩子已經會講「1」了，那就讓孩子邊唸「1、1、1」，邊將吐司塊分別放在盤子上。若孩子做對了，就請你要記得說「你做得好棒喔！」來誇獎他們。

在孩子能完全理解「1」的意義之前，請用這個方式反覆練習幾十遍、幾百遍，千萬別在他們還一知半解時就進入「2」的課題，請讓孩子徹底理解「1」的意義。

若請孩子「把『1』放進盤子裡」，而他能不假思索地做到的話，請繼續這個練習；若孩子連續十天都能夠毫不遲疑地完成你的指示，再請你進入「2」的階段。

有些大人自忖孩子應該了解，因此大約一週就進入下一個階段了，這種做法是過於倉促的。

要讓幼兒了解一件事，若是不花費數個月的時間教導他們，他們是無法徹底明白的。

教導數字「1」要花兩個月以上，而「2」、「3」、「4」花費四個月左右的時間也不嫌多。此外，由於在幼兒時期的學習是以「無論大小事都能愉快達成」為原則，所以重點在於，別將這個訓練當作是學習，而要告訴孩子這是個「猜謎遊戲」，以遊戲的方式來教導孩子。

想教導孩子2到5的數字，就用和教導數字1同樣的方式，在三個紙盤上重複「2、2、2」、「3、3、3」的動作，一一指示孩子：

「請在盤子上放『2』。」

「請放『3』。」

像這樣，讓孩子試著自己去分。父母可以一邊確認孩子的理解程度，一邊準備進入下一個數字的階段。

倘若孩子已經學到5了，接下來就請你用簽字筆在紙盤上寫上數字「1～5」，然後讓孩子選擇喜歡的數字。如果孩子選擇寫了2的盤子，父母就要說：「你選了2，那就給你2個。」用近乎囉唆的程度不斷地提到「2」這個數字，好讓孩子能夠牢牢記住。

如此一來，孩子便懂得將數字與實際物品的數量連結在一起，這是理解數非常重要的一點。如果能在生活之中養成使用現有物品來認識數的習慣，孩子就可以逐漸理解「增加、減少」與「加、減」的意義了。

關於這一點，那些從一開始就直接進入訓練的孩子又如何呢？他們只了解單純的數字，卻不知道數與實際事物是息息相關的。就算這些孩子會計算，卻不一定會解算數的應用題。

這種將數字寫在盤子上的方法，也有讓孩子懂得明確分辨物品「多」、「少」的好處。

「1與2哪個比較多？」若光看數字本身，孩子是不會分辨的。因為對孩子而言，他只知道1與2是不同的文字，所以會覺得這兩個數字並沒有差別。

但是，在寫了數字的盤子上放置與盤子的數字相同數量的吐司，例如讓孩子比較寫了2與3的盤子哪個吐司比較多時，孩子在看見數字的當下，也能藉著這個實際體驗順便了解。

當然，孩子無法只藉由一次練習就全盤理解，但只要你持續進行「哪邊比較多？」的遊戲，相信三歲的孩子應該能慢慢地學會分辨1～5五個數字的多寡才是。

能讓孩子精通「1～5」的自製教材

以下我要介紹在學校教室所使用的教材中，也能在家裡輕鬆做到且學習效果高的幾個方法。

1>>首先用食物來表現「1」的感覺，讓孩子了解

讓孩子邊說「1、1、1」，邊將吐司置於籃內。

2>>讓孩子能夠區別「1」與其他的數。

在2個盤子上分別放1塊與2塊吐司，確認孩子對「1」的認識程度。

3>>讓孩子理解事物與數字是相關的。

請選擇你認為「這個一定可行！」的方法來挑戰，即使只選擇一種來執行也無妨。

數字相符的貼紙遊戲（適合兩歲以上孩童）

畫一個五欄兩列的表格，在上欄寫出1～5等數字，下欄則為空欄。然後讓孩子在空欄內貼上與上欄數字相同的貼紙。準備各種顏色的貼紙會讓孩子十分開心。

孩子在選擇貼紙的時候，你的嘴巴可以一邊喃喃地說著，「今天要用什麼顏色呢？」藉以激起孩子興奮的情緒。

即使孩子犯了錯，也請別立即糾正他，在他貼完全部的貼紙之後，再告訴他，「咦？有錯耶！是哪個有錯呢？」讓孩子自己去發現問題所在。只有在孩子怎麼樣也找不到問題時再告訴他答案。如果立刻就告訴孩子哪裡有問題，就無法培養孩子的思考能力。

當孩子全數貼完之後，請先誇獎他，然後將數字與貼紙部分全部剪

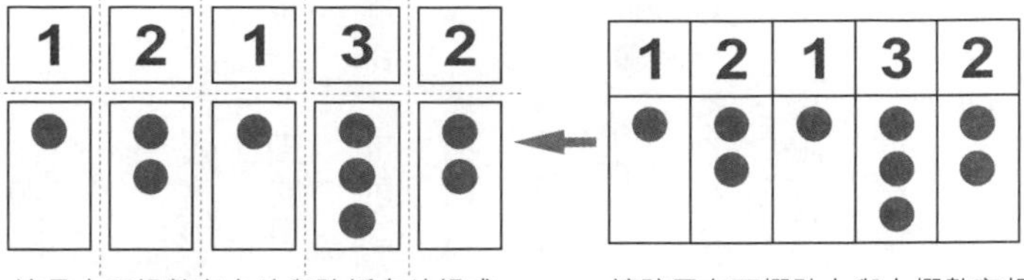

這是由五組數字卡片與貼紙卡片組成的圖片。讓孩子用剪刀剪開圖上的所有虛線。我們要利用剪好的小圖片來挑戰購物遊戲。

讓孩子在下欄貼上與上欄數字相同數量的貼紙，就算孩子貼錯，也請讓他獨力完成，之後再告訴他哪裡有錯。

讓孩子拿著貼著貼紙卡片。當父母說「請給我3」時，孩子要回答「好，請拿去」，並將「3」的卡片交給父母，這樣便是正確答案。即使角色互換也可以用相同的方法進行遊戲。

這是個由貼紙、剪刀、購物三種元素構成的遊戲，因此小朋友會玩得相當盡興。

開。如果孩子會用剪刀，就讓孩子親自剪開它。

全部剪斷之後，就讓孩子用數字卡片來玩購物遊戲吧！

讓孩子拿著貼了貼紙的卡片，一邊讓他看寫著數字的卡片，一邊說「來，請給我3」或「你有4嗎？」

當孩子從手中的卡片挑出你指定的數字卡時，你就要說，「答對了！」

賓果遊戲（適合三歲以上孩童）

這個遊戲對於提高孩子對數字與實際個數兩方面的認知程度非常有效。

一張賓果遊戲卡上會寫著縱3列、橫3列共9個數字（1～5的整數）。由於可以同時看到許多數字，因此有助於提高孩子的專注力及活化腦部，而能讓孩子以遊戲方式快樂地學習也是優點之一。

賓果遊戲分為數字版本與印有黑點（●）的版本，遊戲方式相同。舉例來說，當你說「5」這個數字時，孩子馬上要在數字「5」（或印有5個●）的位置上放下指定物。在教室是以籌碼作為指定物，也可以使用糖果、硬幣、筷架代替。

重點在於如何讓孩子迅速地放下指定物，因此，父母必須一邊說著數字，一邊持續不斷地問孩子，「應該放在哪個數字的位置上呢？」

起先，父母在說出數字後，要等非常久孩子才找到答案的情形，會持續好一陣子，但這段時間內父母絕不能著急，即使孩子犯了錯，也不能說出「這樣不對吧！」等嚴厲的話語。

倘若孩子心生反感，就不會願意再玩這個遊戲了。

因此，請你要用輕鬆的口吻來鼓勵孩子，例如：「4在哪裡呀？找找看吧！」

如果你使用的是黑點式的賓果遊戲，那麼就別讓孩子看著黑點邊數「1、2……」來找出答案，要以一眼就能將指定物放在「2」的位置為目標。

若孩子已經利用紙盤與吐司，做過幾十次、幾百次的「2、2、2」遊戲，而對「2」非常熟悉的話，那麼用黑點取代吐司，孩子應該也能立刻回答才是。

遊戲規則與一般的賓果遊戲相同，不論直排、橫排、對角線，只要連成一條線就是「賓果」。當孩子完成賓果連線時，請誇獎孩子，「好棒喔，賓果了耶！」

有幾個圖案呢？（適合二歲以上孩童）

這也是一個將數字與實際數量搭配來讓孩子理解的遊戲（見右圖）。遊戲方式是先計算左邊的圖案個數，再與相符的數字畫線連結。

進行這個遊戲時，若是讓孩子說出圖案的名稱，那麼也可以順便增加孩子的單字（語彙）能力，是一石二鳥的遊戲。

在洗澡時數數、唸出在街上看見的數字、用食物加深對數字的印象，然後是以上三個遊戲，將這些取材於生活的練習完美地加以組合之後，陪著孩子天天實踐吧！

若孩子有辦法完成所有項目，就能精通1～5的整數；倘若孩子能理解這些算數基礎，也就能順利地將10、20、100等數字記在腦海裡了。

◎有幾個圖案呢？將圖案與個數相符的數字畫線連結。

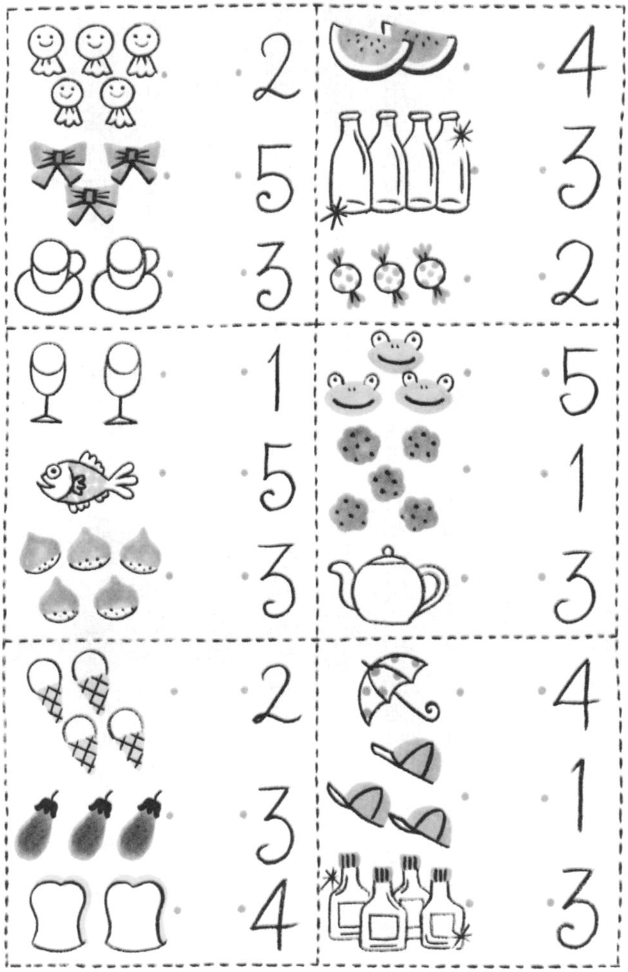

＊本頁可以影印使用。

利用賓果遊戲與盒裝雞蛋，讓孩子精通「1～10」

先前提過的賓果遊戲也有1～10的類型。這個賓果遊戲可讓孩子了解「1～10」的整數。

做法和學習「1～5」的方式相同。若你發出「8」的指令，孩子就要立刻在「8」的數字上或印有8個黑點的位置上放置筷架等物品，無論直排、橫排、對角線的任何一排連成一線就是「賓果」。

使用黑點版本的目標在於，將每五個排成一列的黑點，設定為一個單位，來讓孩子了解「5」這個數字。而這個方式就是五進位法的基本。

如果孩子能夠領會「5」為一個單位，那麼孩子在看到「7」的時候，就可以換算出「5加2等於7」了。

若能做到這點，那麼孩子在算「4」的時候，腦海中就不是用「1、2、3、4」的方式，而是用「比5少1所以等於4」的模式思考

◎賓果遊戲（1～10）

〔黑點版本〕

●●●	●●●●● ●	●●●●● ●●●●
●●●●● ●●	●●●●●	●●
●●●●	●●●●● ●●●●●	●●●●● ●●●

〔數字版本〕

5	8	2
4	3	6
7	10	1

使用黑點版本可增進對五進位法的理解，所以，讓我們來製作各式各樣的賓果遊戲吧！

了，而這就是減法的原點。

那麼，要如何讓孩子理解10這個數呢？與將「5」視為一個單位的方式相同，若孩子也能將「10」當作一個單位的話，就可以說是已經能真正理解「10」這個數字了。

如果孩子已能理解「10」這個數字，那麼孩子在小學一年級學習「進位」與「退位」時，應該就能輕鬆掌握了。

在認識「14」這個數時，孩子不須「1、2……」地去數出數字，而可以用「10加4

等於14」的方式來計算。

對於讓孩子將「5」視為一個單位、「10」視為一個單位，有個日常用品很有幫助——十個裝的盒裝雞蛋，請父母盡量選用不會造成危險的紙製包裝盒。

因為盒裝雞蛋每列有五個凹洞，能填滿一列就是「5」個，填滿兩列就是「10」個，而若是填滿一列又多四個的話，孩子就會知道「5」加「4」等於「9」了。

請父母利用盒裝雞蛋來教孩子「5」是一個單位、「10」也是一個單位的觀念，更別忘了要採取寓教於樂的方式進行。

教孩子學會小一數學題目中會出現的字彙

在解答數學問題時，孩子有可能在意想不到的地方碰上困難。

不知道簡單字彙的意義、熟悉的語彙異常稀少，這些是近年來孩子的典型特徵。

甚至有不知道「幾個」，或是只知道「3」卻不明白「3個」的孩子。

「哪一邊比較大？」的「哪邊」或「不同」、「每2個」的「每」，比較數量多少的「～比」等，對孩子而言是較難理解的字彙。

在此，我要從數學題目裡會使用的字彙之中，挑出幾個孩子特別容易感到困惑的單字，並以我親自實行的教學方法來為各位說明。在每天的生活之中，若能稍微教導孩子的話，孩子應該可以馬上理解才是。

我列舉了如「不同」、「一樣（相同）」等最基本的字彙，這些都是在小學一年級的數學課本中會頻繁出現的重要單字。

・「不同」

「不同」這個詞是孩子在小學學習數學時最不易理解的字彙之一，即使是四、五歲的孩子，還是有不少人不了解這個單字的意義。

對於有以上困難的孩子，請反覆地跟孩子說明，「這個跟這個一樣耶！」「這個與這個不一樣！」「不一樣的事情就叫做『不同』喔！」用這樣的方式來教育孩子「不同」這個詞的意義吧！

如果孩子已經了解「不同」這個詞，就試著詢問孩子兩種不同形式的事物的不同之處吧！即使孩子知道「不同」字面上的意思，但在面對「哪裡不同」的問題時，幾乎還是無法用言語來表達。

判斷形體的微小差異關乎觀察力，而以口頭說明則關乎語彙與知識。請利用各種機會，為孩子一點一點地進行訓練。

第二個困難則是數量的「不同」。將年齡的差距或二、三個物品並列在一起後，問孩子「相差多少？」很多孩子回答不出來。若是直接把「不同」當作「減法」來看，那就太糟糕了。

在孩子進入學校就讀之前，請你在日常生活中找機會詢問孩子「相差多少呢？」

我會在下一頁的圖解中，介紹能讓孩子記住「不同」的意義的遊戲，那也是個能一併學習「相同」意義的數學遊戲。遊戲規則很簡單，請你務必和孩子一起進行。

除此之外，還有幾個基礎數學中必定會出現的字彙。

・「各」

每天藉由遊戲或家事進行「將～各分為○個一組」的練習。

例如，「每個人各分2個泡芙」這樣的事情。

不刻意教導孩子「各」的概念，只要讓孩子持續做類似的協助工作，孩子自然而然就會培養出這樣的感覺。

・「哪一個，哪一邊」

在課堂內詢問「這個跟這個，哪一邊比較大？」這個問題時，有孩子會因為聽不懂而歪著頭，那是因為孩子聽不懂「哪一邊」的意思。

最近，因為父母會將孩子想做的事情、喜歡的東西事先準備好的緣

＜ 在裁成10公分見方的厚紙板的一面寫上不等號「＜」，另一面則寫上等號「＝」。

＊在我的課堂之內，不等號「＜」稱為**「小胖」**。

拜託你！魚的嘴巴別對著我！對面的糖果比較多喔！

①將超過2個的糖果分成數量相異的2組（總數在5個以內），並放置於兩處。

②將一面寫著「＞」、另一面寫著「＝」的卡片交給孩子。

③問孩子，「小胖的形狀長得很像魚嘴巴吧？牠想吃比較多的數量，那麼你要把牠的嘴巴朝哪個方向擺呢？」

④孩子將「＞」卡片放在空格內。

⑤若是「＞」的方向正確，請家長要說「答對了！」錯誤的話就讓孩子再挑戰一次。

為了讓孩子更清楚理解「不同」的意思……

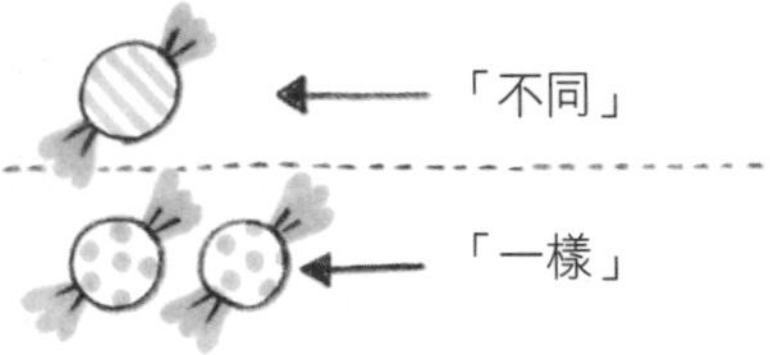
「不同」
「一樣」

①兩隻手分別拿起放在兩邊的糖果。

②「你看，這個包裝是圓點點，這個也是圓點點，兩個一樣耶！」家長邊說話邊將兩顆糖果並排在桌上。

③將另一隻手上的直條紋包裝糖果，放在另一側圓點包裝糖果的上頭。

父母：「你看，你知道哪一個跟其他的不同嗎？」

孩子：「這個！」（指著放在上頭的直條紋糖果）

＊如此一來，就算是年幼的孩子，也能理解只有1個糖果是不同的（數量多、數量少）

＝　為了教導孩子「相同」、「一樣」的意思，所以使用寫在「＜」背面的「＝」卡片。

＊在我的教室哩，等號「＝」的卡片叫做「**一樣**」。

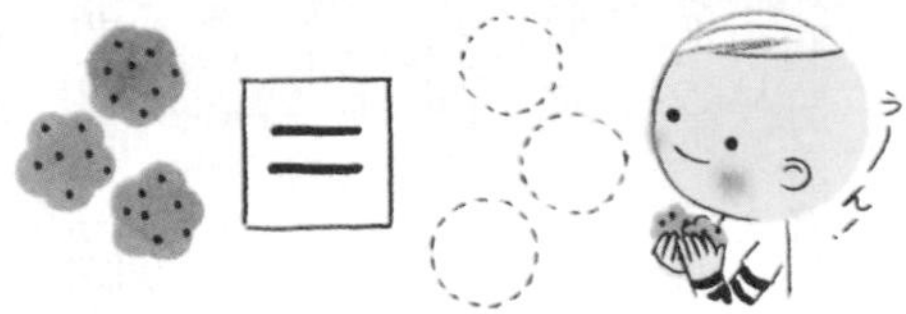

這個遊戲是在「一樣」的卡片右側放上與左側相同數量的餅乾。

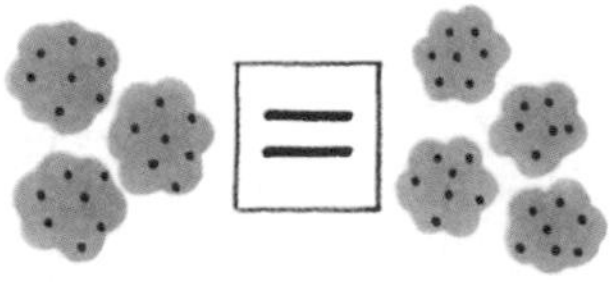

如果孩子放的餅乾數量不對，就將「一樣」的卡片翻面。

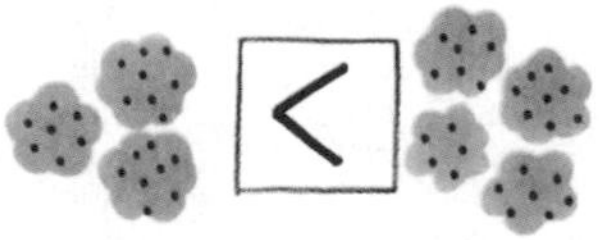

告訴孩子「這邊的數量比較多喔！」然後將正確的「小胖」開口方向擺給孩子看，接下來再問孩子，「哪邊的餅乾比較多呢？」

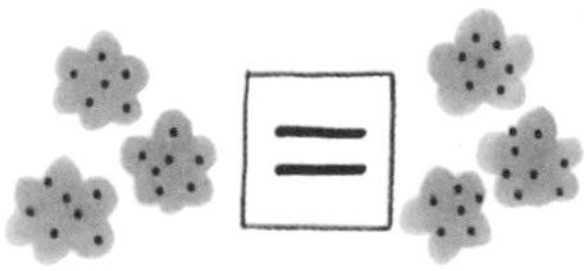

如果孩子能夠指出右側餅乾多了一塊，請你要說「答對了！」然後將「小胖」卡片翻面，並取走多出的餅乾，再指著「一樣」的卡片告訴孩子，「你看，一樣了耶！」

故，使得孩子能自己作選擇的機會變少了。因此，我建議父母在日常生活中要詢問孩子「哪一個比較好？」「你想做哪一個？」

・「相加」

在詢問加總之後共有多少時所使用的「相加」這個詞，對孩子而言並不容易理解。所以，請在日常各式各樣的情景中，詢問孩子，「相加之後是多少呢？」或使用「相加之後有○個了耶！」這樣的說法。

還有許許多多的字彙，但請先從以上字彙開始教起吧！

進入「1＋1」的算式之前，先用圖式讓孩子理解

如果能夠進行到這個階段，表示孩子對數的理解應該相當深厚了。距離學習加減法的階段也只差一步。

在進入「1＋1＝2」的課題前，讓我們先運用圖畫來教導孩子！而教導方式則如同下頁的圖所示。

之所以用繪畫來表現，是因為運用圖解，比較容易使孩子理解數的增加與減少的緣故。

用這種方式讓孩子進行幾十次的練習，孩子就可以輕鬆地寫出算式，甚至是解題了，也更能夠自然而然地了解算式的意義。讓孩子毫不遲疑地寫出算式就是這項練習的重點。

總之，動物、車子、玩具或食物都行，請為孩子畫出各式各樣的圖案吧！

在孩子進小學就讀之前，若能將以上內容徹底教會孩子的話，相信孩子應該就能輕鬆解出數學的應用問題了。

「小嘉有3顆蘋果，媽媽比小嘉少1顆蘋果，那麼我們2個人的蘋果相差幾顆？」

如果有類似這樣的問題，對於已利用圖式進行過多次加法、減法運算

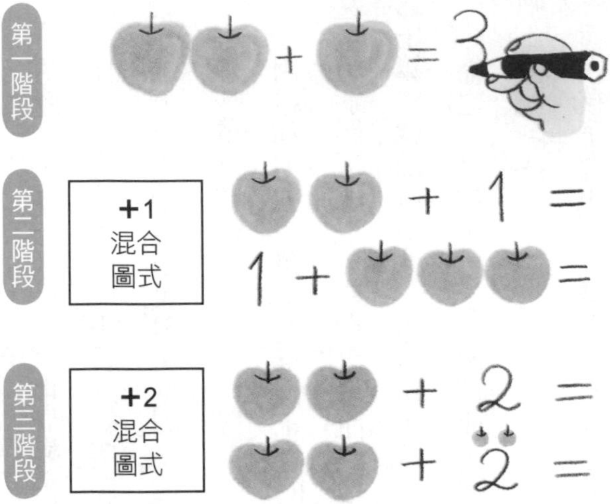

父母「2加1等於多少？」
孩子「3！」

在圖式之中加入最簡單的數字「1」，然後問孩子答案。

對於不了解以數字表示「＋2」的孩子，父母可如下圖一般在數字上方畫上相同數量的圖案，以幫助孩子理解。

圖式的優點在於能夠依孩子的理解程度，將數字與圖畫自由地結合。

的孩子而言，因為腦海中會立即浮現圖像與數字的關係，因此很容易就可以得出答案。

讓孩子將五份點心分別放在兩個盤子上

我之前提過，父母要利用生活中的事物來讓孩子理解數的意義，像是讓孩子將物品均分在幾個盤子裡，用幫忙做家事的方式來學習加減乘除等。

特別是，為了讓孩子徹底了解「5」這個數，我希望每天都能讓孩子進行將5份食物分裝在幾個盤子上的練習，也可以進行前述的賓果遊戲與盒裝雞蛋遊戲。

所謂的了解5這個數，並不是指「能夠數到5」而已，若孩子無法掌握「5」這個數的構成元素，就不能說孩子已經理解5這個數。

2加3、3加2等於「5」，或是1加4、4加1、0加5、5加0等於「5」……，能否徹底理解這些數才是重點。

食物分裝練習能夠讓孩子藉由實際體驗，體會5這個數字的構成。重點在於，要一邊告訴孩子「2個加3個等於5個」、「如果這個籃子放了4塊，另一個籃子就只放1塊」，一邊讓他們進行分裝；不是教孩子「2＋3＝5」的算式，而是要在孩子面前利用實際事物讓他徹底明白。

而對於還不會加法的孩子，父母沒必要教導他們「＋（加）」、「＝（等於）」等符號，在這個階段，只要讓孩子了解「2加3等於5」就夠了。

能夠藉由實際體驗理解數的構成元素，是進行這個遊戲的最大收穫。

讓孩子用身體實際感覺「重」與「輕」

孩子在上小學之前，應該也要先知道「輕與重」、「多與少」、「長與短」「遠與近」等感覺才是。

用身體去記憶這些感覺是最重要的。請讓孩子在能夠承受的範圍內實際體驗這些感覺。至於體驗的項目，請讓孩子能實際感受重量，並告訴孩子，「啊！好重！真的好重喔！」

然後，再將重量較輕的物品交給孩子，「這個就很輕了耶！好輕喔！」邊說邊讓孩子感受輕的感覺。

翹翹板遊戲能讓孩子愉快地實際體會輕與重。

因為有孩子無法理解「重的一邊會下沉」的意思，因此，媽媽可和孩子一起乘坐翹翹板，藉機告訴他一邊會上升、一邊會下沉的道理。

請明確地告訴孩子，「因為媽媽比較重，所以會下沉」，並且讓他實際去感受。

若家裡有天平，可在孩子面前將重與輕的物品分別放在天平兩邊，然後觀察哪一邊會下沉。這個時候，我希望父母也務必同時做「體積小、質量重」與「體積大、質量輕」的比較。

大部分的孩子會認為「體積大的重量重，體積小的重量輕」，所以父母要教育他「也有體積小質量重與體積大質量輕的東西喔！」

可以利用遊戲測量各種物品的重量，如玩具或食物等；在測量之前，先讓孩子將物品拿在手上，讓他們能夠實際體會物品的輕重。

要測量父親、母親與孩子誰比較重，我建議在洗完澡之後等零碎時間站在體重計上測量體重，但也別忘了口頭說明，「你有十四公斤耶！體重比媽媽還輕。」

除了輕與重的感覺，我希望孩子在上小學之前也能培養出對「長度」的感覺。長度問題也會在小學一年級的數學課本裡出現。

關於這一點，我期望也能藉由遊戲讓孩子在生活中培養出對長度的感覺；比方說，下雨天時，可將大人用傘與孩子用傘並列在一起讓孩子觀察，畫圖時則可將桌上長短不一的鉛筆拿在手上，問孩子，「哪一支比較長？」

不只是雨傘與鉛筆，不管運用什麼物品來教育孩子都可以，只要身邊有任何細長型的物品，都可以並列比較給孩子看。

第4章

懂得善用「身體」的孩子發展好

只站一下也沒辦法好好站立，
無法明確地表達意見，
不太會使用剪刀，
手上的物品經常會掉落……
幼兒的腦部發展與身體發育
關係密切，
本章將為你介紹有關
反覆、出聲、自己動手做、
運動等的遊戲。

動動身體「兩萬次」

雖然現今的教育全都聚焦在學力低下的問題上，但事實上，孩子們的體力也明顯地有逐年低落的趨勢。

根據日本文科省（相當於我國的教育部）所發表的「平成十四年度體力・運動能力調查」的資料可知，現在小學生的體力、運動能力與三十年前的小學生相比，有大幅落後的情形。以十歲孩童投擲壘球的成績來看，男生為二六・五八公尺（昭和四十七年為三〇・四〇公尺），女生則為一五・一九公尺（昭和四十七年為一六・九〇公尺）。

有許多因素造成這樣的問題，但最主要的原因在於每日生活中活動身體的機會減少了。

體力是人類所有活動的根本，若是體力充足，持續力與專注力自然也會增加，對於任何事情都能積極地投入。請務必在幼兒時期培養孩子勞動的習慣，養成活動身體的習慣是學習事物的基礎。藉由反覆地做同一件事，身體自然會記住所要學習的事物。以提倡幼兒時期反覆學習的重要性與百格計算而聞名的陰山英男先生，以及該學說創始者、教育研究家岸本裕史先生，還有SONY創立者井深大先生都曾說過類似的話。

但是，一件事到底要反覆做多少次，才能真正轉化為自身的能力呢？我認為基準是「兩萬次」。大家聽到兩萬這個數字可能會認為不合理，但孩子對於沉迷的事情，即使一天要做個一百次，也毫不在乎；若每天做一百次，持續兩百天就有兩萬次了。

大人可能會有「不可能練習那麼多次，太不合理了」或「要孩子這麼做實在言之過早了」這種妄下定論的傾向。但事實上，這種想法正足以扼殺孩子成長的幼苗。幼兒的可能性是無限寬廣的，我希望在他們逐漸萌芽茁壯的時期，能夠讓他們挑戰各種事物。

一件事若能夠反覆做兩萬遍的練習，一定能夠轉化為孩子的能力，並且成為孩子一生的寶物。

手感也很重要！讓孩子用剪刀剪黏土吧！

一開始做兩萬次的訓練，我最推薦的是利用剪刀來進行遊戲。只要多費心，孩子就能夠輕易地達成兩萬次目標，身體也能因此記住剪東西的感覺。

如果你認為讓孩子使用剪刀等利器會有危險，那麼請你在教導孩子時，也一併讓孩子了解安全使用剪刀的方法，讓孩子能確實依規定使用剪刀。

市面上售有兒童專用剪刀，可惜卻沒有值得推薦的品牌。因為考慮到使用的安全性，所以這類剪刀的螺絲會鎖得比較鬆，剪刀上的兩片刀片也不夠貼合，這樣一來，就算孩子想剪紙，也會因為紙會卡在兩片刀刃之間而無法剪開。

與其使用兒童專用剪刀，還不如教孩子正確使用一般剪刀。將一般剪刀遞給孩子時，請明確地告訴他，「這是剪紙的工具，因為它很鋒利，所以一定要小心使用，絕對不能拿著剪刀亂揮喔！」然後在孩子面前示範剪紙，「你看，剪刀可以將紙剪成這樣。」讓孩子意識到「剪刀可以剪斷東西」是很重要的。

要讓孩子記住剪刀的作用，還有一個程序一定要做，那便是第一次裁剪的材質不要用紙，而要使用黏土。剪黏土比剪紙更能傳達剪東西的手感，因此應該更能夠讓孩子體會到自己正在剪東西的感覺。

可以使用市售的黏土，用麵粉在家裡自己製作麵糰也不錯。

由於自製黏土的成分是麵粉，萬一孩子將黏土塞入口中也是安全無虞的。

將麵糰搓成細長棒狀，再讓孩子剪斷，由於有喀嚓喀嚓的手感，孩子應該會很開心地動手幫忙。

一開始時，請父母跟孩子同握一把剪刀，並選用能張開大口的大支剪刀。

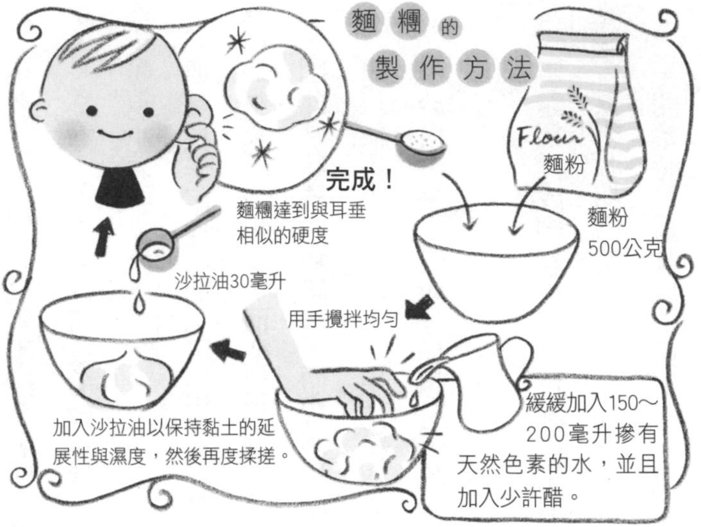
麵糰的製作方法
Flour
麵粉
麵粉
500公克
用手攪拌均勻
緩緩加入150～200毫升摻有天然色素的水，並且加入少許醋。
加入沙拉油以保持黏土的延展性與濕度，然後再度揉搓。
沙拉油30毫升
完成！
麵糰達到與耳垂相似的硬度

邊剪黏土邊出聲說「布、剪刀、布……」地加上節奏感。張開剪刀時要說「布」，剪下時則說「剪刀」。若是發出聲音的話，孩子一個人剪東西時，也會一邊唸著「布、剪刀、布、剪刀」，一邊隨著節奏流暢地剪東西。

由於孩子正沉浸在剪東西的樂趣之中，因此，不知不覺就能以這樣的方式剪一百次左右。

如果孩子有點膩了，那就試著在他剪東西時說聲「吃飯囉！」然後將剪下的東西全部放在盤子上，孩子一定會開心地將它當作辦家家酒遊戲一般。

此外，如果在麵糰裡加上各種顏色的天然食用色素，也能夠增加視覺效果，或許可以讓孩子產生全新的動力。

讓孩子在活動身體的同時，嘴裡一邊發出狀聲詞

孩子在做所有動作時，嘴裡同時發出狀聲詞的話，效果是出乎意料之外的良好。而在描繪圓形或漩渦形時，嘴巴配合手部動作發出「咕嚕咕嚕咕嚕」的聲音，圖案也會顯得比較好畫。

畫圓的時候，手若不能穩穩地握住筆，就不可能畫得漂亮，為了能順暢地運筆，就必須好好地運動手腕。

對孩子而言，由於被要求大量地活動，若能在大量畫圓時充分地使用狀聲詞，進入寫字階段時就不會覺得辛苦，甚至能很靈活地使用筷子。

也可教孩子在幫忙做家事時多多使用狀聲詞；關門時發出「砰」、丟垃圾時發出「咚」、打開瓶蓋時發出「啵」、堆疊衣物時發出「啪答啪答」，拍肩膀時發出「啪啪」的聲音……遊戲時也可以這麼做。

在玩黏土或泥巴球時發出叩隆叩隆、叩隆叩隆的聲音，旋轉球時則發出碰、叩隆叩隆叩隆的聲音。

其他還有許多嗶嗶剝剝、啪啦、嗡嗡、呱呱、咿喔等生活中可以使用的狀聲詞。請你用點心思與孩子在家裡一起玩出聲遊戲吧！

若要孩子記住「送紙」的感覺，就讓他剪漩渦式線條吧！

倘若孩子已經能夠很順手地剪斷黏土，接下來就要挑戰剪紙了。使用報紙的夾頁廣告或廢紙就足夠了，請盡量不要使用太薄的紙，可大量準備如月曆紙般具有厚度、堅韌的紙張。

為了訓練孩子使用剪刀，請多儲存比一般紙張還厚的紙。

將廣告紙剪成細條後放到盤子上，就成了五顏六色的義大利麵。

「這些義大利麵看起來好好吃喔！」若是父母這麼一說，孩子一定又會開心地剪起紙來。一旦覺得有趣，就會持續不斷地動手去做，這就是孩子的特點。其中有孩子連續剪了一個小時的紙，也有孩子花了好幾天剪了一大袋紙。

如果是這樣的情形，孩子剪東西的次數就不只是一千次或兩千次而已，不知不覺間可能就超過一萬次了。

如果孩子已經習慣剪直線線條，那麼就讓孩子動手畫圓或漩渦，然後再將圖形剪下來。

讓孩子自己動手畫圓。隨手畫圓當然不成問題，但若要讓孩子裁剪形狀更準確的圓形，利用冰淇淋外蓋下的圓形厚紙片會很方便。

讓孩子將圓形厚紙片放在紙上再加以描繪，然後沿著線條裁剪。藉由親手繪圖，再小心謹慎地剪下圓形這些動作，身體應該可以記住圓這個形

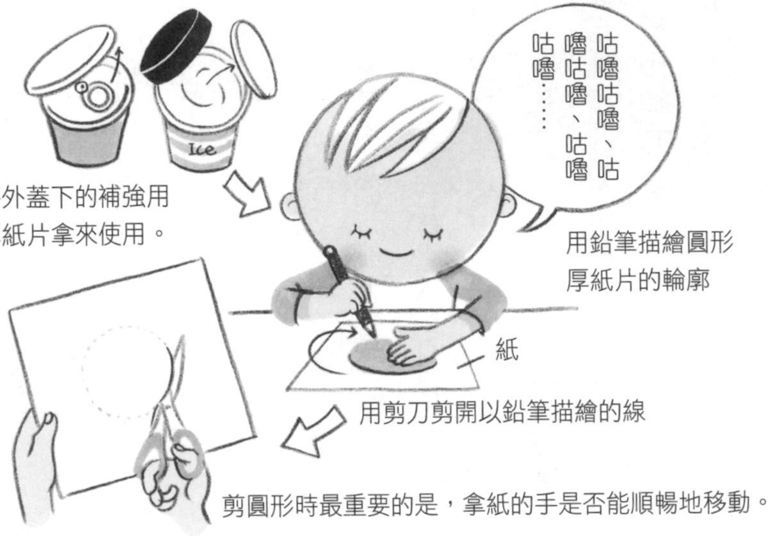

咕嚕咕嚕、咕嚕咕嚕、咕嚕咕嚕……
將外蓋下的補強用厚紙片拿來使用。
用鉛筆描繪圓形厚紙片的輪廓
紙
用剪刀剪開以鉛筆描繪的線
剪圓形時最重要的是，拿紙的手是否能順暢地移動。

狀。

順利的話，孩子到三歲左右就能完美地剪出圓形了。

經常有人問我，「孩子從幾歲開始就可以使用剪刀呢？」我認為沒有必要去考慮孩子從幾歲開始可以做哪些事情的問題。

使用剪刀時最重要的是，慣用右手的孩子在使用剪刀時，左手是不是也能跟著送紙這個問題。

我在看了剪紙藝術之後發現，雖然手上拿的紙又上又下地轉來轉去，但剪刀的位置是不變的；也就是拿著剪刀的右手保持固定，再根據左手送紙的動作裁剪出絕妙的曲線。

培養出這個「送紙」的技術，就是學習使用剪刀的終極目標。

在孩子尚未達成目標前就將市售的剪紙材料交給孩子裁剪，最後一定會出現慘不忍睹的作品。在最無趣的基礎作業時，藉由使用黏土或辦家家酒遊戲，孩子就會興致勃勃地一做再做，這些支持孩子的巧思是很重要的。

想要精通「送紙」的技術，必須讓孩子試著剪出漩渦狀的圓。

首先，先準備十公分的方形紙張，然後跟孩子說：「你會剪這個嗎？這樣剪會變成什麼呢？」然後讓他們用剪刀不間斷地裁剪。

孩子們既會覺得有趣，也會相當喜歡漩渦的形狀。剪紙時身體一邊柔軟地律動，並眼見紙張逐漸變為細長小蛇，會是很有趣的事，因此孩子會像看到藝術品一般，雙眼閃閃發亮地看著。

將剪成長蛇般的紙條遞給孩子，當放在孩子手上的那一刻，孩子會爭先恐後地表示「我也要！」「我也想剪！」

一開始就讓孩子剪細細的漩渦形狀稍嫌困難，所以線與線之間之間的間隙要加大，讓孩子剪大漩渦就好。一張紙上畫三個圓圈是最恰當的。

起先，孩子一定會將紙剪得亂七八糟，但是，已經用剪刀剪過數千次的孩子，在剪了三、四個漩渦之後，自然就會明白不是動剪刀，而是要動紙才能將紙剪得漂亮的道理。

如果是十公分的方形紙張，直線剪只能剪十公分就結束了，若是剪成漩渦狀，長度約會是五倍，即五十公分；倘若用半張報紙來剪紙，則可以剪出大約兩公尺的「大蛇」，而且，剪紙時這條「大蛇」會像不停地舞動一般，相信孩子會因為覺得有趣而不嫌煩地剪上許多次吧！

藉由這項剪漩渦的練習，孩子使用剪刀的技術會快速地提升，這是因為有趣而剪了幾公尺、甚至幾十公尺的紙所獲得的收穫，這項作業也能讓孩子動剪刀的次數急速地增加。

將剪下的紙並排，讓孩子自行比較大小

我在課堂上也會把裁剪下來的紙張當成教材使用。

以圓形為例，我會讓孩子剪小圓、大圓、各種大小的圓，再將這些大小不一的圓排在孩子面前。因為是自己動手剪的圓，所以孩子會興味盎然地看著。

這個時候，若是你問：

「哪一個比較大？」

「哪一個比較小？」

孩子都能夠立刻回答。

若你又問：

「第二大的是哪一個？」

「第二小的是哪一個？」

孩子自然就會明白第一、第二的意思了。

對孩子說明東西的大小與順位的意義是相當困難的，但像上述這樣以孩子親自製作的東西來當教材的話，由於孩子會比較感興趣、也比較能保持注意力，因此馬上就能牢牢記住了。

來挑戰三角形、星形、心形吧！

接下來就讓孩子挑戰三角形吧！藉由用剪刀剪的動作，孩子便會明白三角指的是有三個角的意思。

而且，讓孩子動手剪自己手繪的三角形，他們就可以靠視覺與觸覺這兩種感覺來理解「因為有三個角，所以叫三角」的道理。當孩子了解這一點之後，自然也能明白四角形共有四個角，同樣地也能理解五角形、六角形的道理。

不只限於三角形，請父母也讓孩子試著剪出菱形、星形、旋月形、心形等各種形狀吧！自己動手剪的形狀很快就能記在腦海裡，這是因為藉著動作，圖形的概念便能輸入腦中的緣故。

即便是單純的圓形，試著將它剪成半圓，或是剪成四塊，然後將剪開的圖形拼湊回原來的圓，這樣的遊戲年幼的孩子也辦得到。

要走到這一步，得靠最初剪斷兩萬次的紙黏土與紙張的基礎方能達成。以上都是在闡述兩萬次對孩子而言並非不合理的理由。

這些都是事實，要讓孩子能重複相同的動作兩萬次，就必須做好能讓孩子不厭其煩地持續下去的功夫，因為孩子無法長時間做著單調的作業。

從事教育工作的我們，總是在思考該如何讓孩子多動一下剪刀的問題。請各位也依孩子的個性與興趣下一番功夫，讓孩子挑戰各式各樣的「兩萬次」課題。

利用「挑豆遊戲」來刺激腦部吧！

最近的孩子對於用手抓住東西、手掌握放相當不擅長。如同不勞動身體肌肉便會萎縮一樣，若不活動手指，手指也會變得不靈活。現在的孩子除了玩遊戲機或按遙控器的按鈕之外，就不太有使用手指的機會了，若沒有意識到這一點，孩子運用手指就會逐漸變得困難。

如同康德（Kant）曾經說過的，「手是在體外的第二個大腦」，可見手與腦部的發育有著非常密切的關係。

在我任教的課堂上，會進行用來訓練手指的「撿豆子」遊戲。藉由以拇指與食指挑起小顆豆子的動作，可以刺激並促進腦部發育，也可同時訓練手眼並用。

請準備豆子與裝豆子用的大碗，豆子最好是大小不一的，如紅豆或大豆、四季豆等。

除了豆子之外，加入米粒與串珠應該也會挺有趣的。

讓孩子將這些豆子散放在平坦處，再揀進大碗內。因為豆子有各種顏色，孩子應該會挑得很開心才是。

要請孩子使用拇指與食指挑豆子。伸手一把抓無法訓練到手指，父母只須要求孩子這點。

從將豆子撒在平坦處開始，到將豆子揀入大碗裡為止，都請你放手讓孩子盡情去做。過了一段時間之後，再用瓶子取代大碗，請你準備三、四個各種大小的瓶子。

若是用大碗來裝，豆子很容易就能夠放進容器，如果改用開口狹窄的瓶子，不多加注意就無法將豆子投入瓶中。在這個階段父母無須教孩子如何做，只要在一旁觀察他們的做法就行了。

經過觀察發現，有些孩子會直接拿著瓶子，然後將豆子投入瓶口，這是因為孩子意識到用手拿著瓶子，豆子會比較容易投入的緣故。

繼續在旁觀察孩子，會看到孩子將瓶子傾斜，這是因為孩子意識到斜拿瓶子，豆子會比較容易投入的關係。

串珠
豆子
米粒
在撿拾豆子或米粒、串珠等小東西時，要用拇指和食指挑揀。

準備幾個開口大小不一的瓶子，讓孩子將挑揀的豆子分別投入不同的瓶子中。

進行到這個階段，大約需要四十分鐘，但孩子在這四十分鐘內獲得的智慧，是大人花費數小時教導也得不到的。

讓孩子花四十分鐘去挑揀豆子，在一旁觀察的父母一定要忍耐，正因為父母安靜地在一旁等候，孩子才能靠自己發現挑豆子的訣竅。

像這樣要培養孩子一項能力時，都需要花費相當時間、反覆進行相當的次數。

沒有一蹴可幾、馬上就可以精通的事情。

讓孩子將硬幣放入撲滿投入孔內，可以訓練手眼並用。

因此，養育孩子只能「等待」，是需要忍耐的。

請訓練孩子用拇指與食指捏住東西，比方說，讓孩子撿拾掉在地板上的小紙屑或垃圾，也可以將餅乾弄碎後放在盤子上，讓他們用手指捏來吃，這些方法都很有效。

讓孩子將零錢投入撲滿也是個好方法。由於撲滿的投幣孔屬於細長型，若不聚精會神地看著，就無法順利地將錢幣投入。

而這個動作也可以訓練手眼協調。

「把錢存進你的撲滿裡吧！」

當孩子將錢放入撲滿之後，父母要說：「存了好多錢喔！你是有錢人耶！」

藉著轉開、旋緊瓶蓋來訓練小指的力量

現今的孩子對於旋轉門鎖、扭轉水龍頭，以及轉開寶特瓶蓋等動作都很不擅長。

即使有按下遙控器或遊戲機按鈕的動作，但在生活之中需要「扭」與「轉」的動作並不多，正因為如此，孩子手指頭的力量（特別是小指）通常都很微弱。

如果不讓孩子習慣使用手腕或手指，那麼當他寫字時便會相當辛苦。要讓手指變得有力，請務必讓孩子練習打開、旋緊瓶蓋的動作。開闔蓋子的動作若不使用小指就無法順利做到，是最適合鍛鍊手指的訓練。

每個家庭應該都會有各種瓶子或容器。請盡量準備透明的容器，裡面放置糖果或筷架等物品，在吃下午茶或玩遊戲時，讓孩子自行打開蓋子取出容器裡的東西。

接下來就要給孩子附有旋開式蓋子的物品來進行練習，可以訓練手指的力道。請給孩子如番茄醬、美乃滋等附旋開式蓋子的調味料，好讓他們做做鬆開與旋緊瓶蓋的練習。

只要在日常生活中稍微用點心思，手指無力的孩子就可藉由這些訓練，漸漸地學會握好蠟筆、手指靈活地扣好衣服扣子，所產生的效果將有目共睹。

用來讓孩子練習轉開、旋緊的物品種類越多越好。從需要展開手掌轉開的大口徑瓶子，到開口小的瓶子，種類越是多樣化，越能讓孩子學會靈活地運用手指做各種動作。

如三百三十毫升的寶特瓶是孩子的小手也握得住的尺寸，所以是最為方便的。

掀開式杯蓋
透明容器
餅乾
旋開式外蓋
美乃滋
美乃滋或
番茄醬的蓋子

利用日常用品的「蓋子」，讓孩子練習「扭」、「旋」、「轉」等動作。

為了喝到手中握著的水瓶，孩子自然會想自己動手轉開及旋緊瓶蓋。

這個時候，請注意別因為孩子手上的物品掉落或傾斜，就想把東西接過來。

即使孩子失敗了也無所謂，請重視他們「自己的事情自己負責」的心情。

利用「曬衣夾」愉快地鍛鍊手指吧！

雖然市面販售著各式各樣

的益智玩具，但在日本專為訓練手腕及手指活動所設計的玩具並不多。那麼，就讓我們將家家必備的「曬衣夾」拿來取代玩具吧！

只要下點功夫，就能將不施力就無法使用的曬衣夾，變成能強化手指力量的玩具。

曬衣夾有各式各樣的種類，請盡量挑選一百個無銳角、能討孩子喜歡的、色彩鮮豔的曬衣夾。

首先，先在孩子的衣服上夾兩、三個衣夾，孩子看到有夾子夾在自己的衣服上，便會覺得不舒服而伸手取下。一開始孩子也只會做取下衣夾的動作而已。

重複幾次之後，孩子就會記住用拇指與食指取下曬衣夾的技巧。如此一來，父母便可以讓孩子恣意地利用曬衣夾夾住剪成各種形狀的圖畫紙與厚紙板了。

教孩子用曬衣夾夾住紙張來做成動物的玩法，孩子就會自己玩得不亦樂乎、欲罷不能了。若孩子完成一個作品，請記得要笑盈盈地誇獎，

孩子拿著曬衣夾又夾又取下的……這種有趣的遊戲，玩再久也不嫌累。

「哇！你做了螃蟹先生耶！」「這是烏賊耶！」孩子就會開心地埋頭繼續做下一個作品。

也可以利用許多曬衣夾連結成一個圓圈或長蛇，因為可以扭來扭去地動著，孩子就會興高采烈地拿曬衣夾不停地連接下去。

等孩子滿三歲的時候，就讓孩子幫忙取下衣物上的曬衣夾。

完成之後，請父母記得誇獎孩子，「謝謝，你幫了很大的忙呢！」

藉由夾上與取下曬衣夾的動作，孩子的手指就會逐漸地變得有力氣了。

利用彩色花式乾燥義大利麵來串項鍊吧！

過去有利用花草編製裝飾品、翻花繩遊戲等各種使用手指進行的遊戲，但最近的孩子對於這類遊戲卻是興趣缺缺。

可是，孩子若不活動手指，學寫字的速度也會變得遲緩，最後將成為一個手指不靈巧的孩子。

為防止這種情況發生，請為孩子在日常生活中安排手指遊戲吧！

我最推薦的，是用串繩（硬度如包裝禮物時所使用的金色綁繩）穿過乾燥義大利麵孔穴的遊戲。

持續串連下去，最後就可以串成項鍊。由於混雜了多種色彩豐富的義大利麵，小女孩拿了這個義大利麵製的裝飾品，應該會很開心吧？

不要焦急，慢慢串連。若花點心思想想義大利麵的配色，便可完成一條美麗的項鍊。

曾有孩子接連做了好幾條，然後分送給朋友當禮物。

這個遊戲的優點在於，孩子可以重複幾十次甚至幾百次拿取義大利麵條，再以細繩貫穿狹小孔穴的動作。

同樣地，將較大的串珠串進綁頭髮的鬆緊帶中做成髮飾，孩子也會很開心的。

對孩子提出要求，「幫媽媽也做一條嘛！」想必孩子會很樂意去做的。

讓孩子將親手做的飾品掛在自己身上，或是裝飾在房間內，孩子會快樂無比地動手製作更多東西吧！

費心安排不讓孩子感到厭倦並能激發ＤＩＹ欲望的遊戲，是為人父母者的首要課題。

讓孩子動刀做一道料理吧！

大概是日常生活中可以自己動手做的機會減少的緣故，手指不靈活的孩子明顯變多了。許多小學生不會用刀片削鉛筆、不會綁鞋帶、不能靈活地使用筷子，甚至連不會削蘋果皮的大學生似乎也增加了。

在我看來，這些孩子並不是不會做，而是父母不讓他們做。

要孩子學會綁鞋帶是需要時間的，但是許多父母卻不願意花時間等待，於是便替孩子完成這些工作；削蘋果的工作也是一樣，若父母一直動手為孩子削皮，那麼孩子即使成了大學生，也依舊學不會削蘋果皮的方法。

相反地，從小就協助做家事並自理瑣事的孩子，手指都是相當靈巧的，頭腦也相當靈活。孩子若能從小就自理生活，長大後就能擁有很強的獨立性格與良好的生活能力。

因為能夠憑藉自己的能力生存至今，這樣的孩子也較能滿懷自信地去追求自己的目標。

從小開始培養孩子的獨立性與自信是很重要的，這些特質又與「思考能力」、「生存能力」相關。

我平常就盡量放手讓孩子自己動手做。我跟母親們說過，「若孩子已滿一歲半，做菜的時候就可以讓他們拿刀幫忙。」

也許各位會認為讓一歲的孩子拿刀子是一件危險至極的事，但若是你可以教導孩子正確用刀的方法，一歲的孩子就能在不受傷的情況下正確地使用刀子。

第一步是要讓孩子明白「刀子不是玩具」這件事，請你在孩子面前拿刀將食物切片給他們看。

在你做示範時，請記得提醒孩子，「你看，刀子可以將食物切成這個樣子，你若是不小心的話，手也會被切傷喔！」同時也要明確地告訴孩子絕不能拿刀對著別人。

另一方面，請父母也要告訴孩子，刀子是相當便利的料理工具，可以削皮，也可以切東西，若能為孩子示範刀子的用途是最好的了。

那麼，該如何使用刀子才好呢？

最近市面上售有許多種兒童用刀，但為了安全性的考量，這類刀子通常並不好切，而且刀子本身還有重量過輕的問題，使用時需要花費更多力氣，結果反而容易誤傷手指，因此，務必要慎選刀子。

使用不鋒利的刀子切食物時，使用者必須施加更大的力氣在刀子上，這樣的行為容易讓使用者受傷；而鋒利的刀子可以順利地切斷食物，反而沒有那麼危險。

孩子動刀時，父母務必要在旁監督。若孩子在動刀時稍微做了危險的動作或開玩笑，請務必嚴厲地加以斥責。

最初讓孩子拿刀子切香蕉最好（當然孩子得先學會剝掉香蕉皮），這是因為用刀切香蕉時，能明顯感受到切香蕉的手感的緣故。

將香蕉切片鋪在美麗的盤子上，再淋上優格等淋醬，美味的甜點就大功告成了。

請記得跟孩子說，「你做的甜點看起來真好吃！」誇獎一下孩子。

另外，我要再介紹一種以香蕉為主要食材，不須用火即可完成的漂亮沙拉料理。

需要準備的材料包括：香蕉與小黃瓜各一根、水煮馬鈴薯一個、優格與美乃滋。

分別將小黃瓜與香蕉切片，水煮馬鈴薯切成適口大小的小丁，然後將切好的食材放入碗中，淋上混合優格與美乃滋的醬汁後再加以拌勻，色彩鮮明的爽口沙拉便完成了。

其餘還有剝水煮蛋殼、剝洋蔥皮、四季豆去絲等孩子可以幫忙的工作，請務必讓孩子動手協助。

使用兒童用刀或水果刀，
若你不放心，使用西餐刀
也是可以的。
看起來
好好吃！
優格

香蕉去皮後切片，然後在擺了香蕉切片的盤子上淋上混合優格與美乃滋等的淋醬，稍加拌勻就完成了。不僅外觀好看，而且出乎意料的美味！

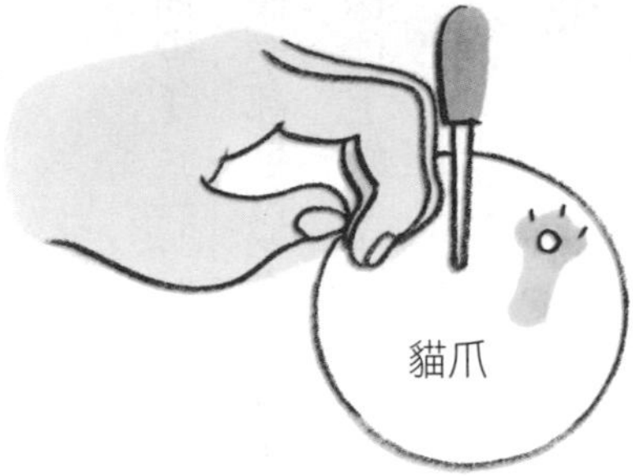
貓爪

使用刀子時要小心別切到手指。為防止這個情況發生，請告訴孩子，切東西時，手指的第二關節要向內側彎曲，做成「貓爪」狀，就可以阻擋刀子以免切得過深 。

孩子最愛做混合攪拌的工作了，像是漢堡肉與餃子內餡的攪拌作業，孩子應該會開心地動手幫忙才是。

孩子滿兩歲之後，就可以學著和媽媽一起烤餅乾了。

混合食材、倒入模型、沾塗蛋黃、做沾醬等作業都是孩子可以完成的工作。到朋友家拜訪時將自己親手做的烤餅乾當作伴手禮，或是請朋友到家中一起做餅乾，都是很令人開心的事。

只要父母願意教，大部分的作業孩子應該都做得到才是。

雖然前面提過手指不靈巧的孩子變多了，但我認為這根本原因並不在能力問題，而是父母剝奪孩子使用手指的機會。

這也許需要時間，也許會弄髒環境，但為了將孩子培育成「能人」，請讓孩子自己動手做。

如果自己做得到，孩子就會產生自信。

用鉛筆來練習持筷姿勢

關於持筷姿勢的問題，經詢問小學老師的結果，發現能正確持筷的孩子並不多。到我任教的課堂上課的孩子中，也有捨棄筷子不用，改以湯匙或叉子吃便當的孩子。

無法牢牢地握住筷子，是因為孩子還無法善加運用手指力量的緣故；也因為如此，在孩子的手指尚未有足夠的力量之前，教他持筷方式是不太有意義的。

如前所述，先讓孩子藉由打開瓶蓋、用曬衣夾玩遊戲、拿剪刀剪各式各樣的形狀兩萬次等，來鍛鍊手指的力量吧！

但是，請避開在用餐時段教導孩子如何使用筷子，否則會讓吃飯本身變成一件苦差事，而讓孩子食不下嚥。所以，請利用其他機會進行持筷練習吧！

由於孩子的手過於細小而不利持筷，所以一開始請先用鉛筆來練習。

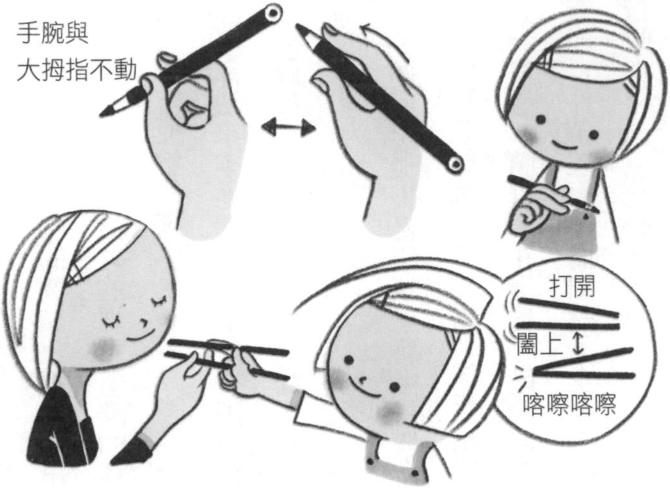

如果一開始就確實地進行這樣的練習，將來就不會留下奇特的習慣。

以拇指、食指、中指握住一根鉛筆，然後靠食指與中指上下動作。一開始孩子並無法順利地只動手指，可能會從手腕開始動作，請與孩子一起拿筆練習，並親自示範給孩子看。

如此反覆地練習幾次，孩子的手指漸漸就能上下運動了。

接下來，讓孩子自行在原來的鉛筆下方再加入一支鉛筆，若是能達成這個步驟，就讓孩子用上方的鉛筆輕敲下方的鉛筆。一開始時，下方的鉛筆可能會跟著移動，如果發生這樣的情況，請你用手指撐住下方的鉛筆，好讓它保持固定。

如果孩子一個人就能完美地完成這個動作，那麼我們就以筷子取代鉛筆，再進行以下的練習吧！

將海綿切成適當大小，然後讓孩子以持筷方式夾著它，用這種方式反覆進行練習。

若孩子能習慣手指的運用方式，接著就來挑戰夾橡皮擦或寶特瓶蓋等較硬的物品，如果孩子也能輕易地夾住它們，就讓孩子開始嘗試夾體積小的物品。

倘若孩子可以達成這個步驟，應該就可以靈活地使用筷子了。

利用「踩腳遊戲」與「舉高遊戲」來鍛鍊腹肌與背肌

姿勢不良的孩子正逐漸增加，但即使告訴他們「請挺直你的背」，有的孩子仍是不知如何是好地只將雙肩抬得老高。在這個時候，請你伸手輕敲孩子的腰際，告訴他們「這裡要挺直」。

但目前大多數的孩子，即使你提醒過他們，沒多久他們又會恢復駝背的姿勢。這是因為這些孩子的腹肌與背肌力量很弱，才無法保持正確的姿勢。

關於這點，會打棒球或踢足球等從事各種運動的孩子姿勢大多還算正確。因此，在孩子尚未具備足夠的體力之前，要他們「姿勢保持端正」是不可能的。

此外，體力差的孩子經常會將「我好累」、「我累垮了」這些話掛在嘴上。

人的體力與活力是無法分割的。若孩子體力充足，對任何事物都可以抱持熱忱，也能夠長久地持續下去。

所以，平時請盡量培養孩子的運動習慣吧！

雖說是運動，但我並不是指非常高難度的活動。球類或捉迷藏等需要跑動的遊戲都很不錯。在目的地的前一站下車走路，或是每天散步三十分鐘，對於訓練腳力都是非常理想的選擇。

跳繩也是一項值得推薦的全身運動。

下一頁插畫所介紹的遊戲都是可以在家裡愉快進行的運動，請你務必試試。

進行「踩腳遊戲」時，孩子為了不從父母的腳背上滑落，背肌必須使力才行，而這個遊戲也可以同時培養孩子的平衡感。

能夠鍛鍊孩子的腹肌、背肌的是「舉高遊戲」。父母把腳擺放在孩子的肚臍附近，伸長腳並注意別讓孩子的身體往前滑落，而孩子可以藉此鍛鍊肚子與背部的肌肉。

懸吊遊戲
踩腳遊戲
舉高遊戲
平衡遊戲

「懸吊遊戲」也是不錯的選擇，因為只用手腕支撐身體，所以能夠鍛鍊出相當足夠的腕力，以及腹肌、背肌的力量。

此外，單單是在原地跳躍就能充分運動。我總是讓孩子們在課堂內做跳躍運動。

即使是死氣沉沉的孩子，只要讓他們跳個一、兩分鐘，全身的血液循環就會變好，腦袋的運作也會變得活絡，馬上就能觀察到他們臉上的表情變化。

近年來，在小學的課堂上，經常可以看到兩手放在桌上撐著臉頰、彎腰駝背地聽講的孩子，身體也呈現歪七扭八的姿態。

當孩子出現這樣的情況時，建議讓他們起立跳躍三十秒，這樣一來，不但孩子的頭腦會恢復清晰，身體姿勢也會恢復正常。

三十秒鐘的連續跳躍可以跳一百下，但事實上，一次連跳三分鐘、共跳六百下以上是比較理想的。單單只做跳躍運動絕對能夠培養出良好的體力。

反覆的跳躍動作可以伸展背肌，讓意識清醒。

雖然我在前面不斷地提到孩子體力不佳、運動不足的問題，但如果父母每天都處於忙碌的狀態，孩子最終還是會出現體力不足的狀況。別只讓孩子單獨做運動，反正機會難得，不妨親子一起做運動吧？

如果你正為了工作忙碌、無暇與孩子說說話而煩惱，何不在假日撥點時間陪孩子玩投接球、足球，或做做散步等運動呢？

孩子不但會無比開心，也有益你自身的健康，不是嗎？

藉由與孩子一同活動身體的機會進行溝通，就能夠建立他人無法取代的親密連結與信賴感。若能這麼做，我保證親子關係也會越來越深厚。

對話語錄

學習力就是生存力

日本京都大學經濟研究所教授
西村和雄 × 正司昌子
REKUTASU教育研究所理事長

正司 西村教授在自己的著作或演講之中都曾提到，大學生基礎學力顯著低下的情況是一個警訊。在看過大學教學的實際狀況之後，您認為問題的原因出在哪裡呢？

西村 經濟學是我的專業領域，而經濟學原本就是一門以數學為基礎的學科。但是，根據日本自一九九〇年開始實施的大學入學考試規則，我發現不用考數學卻能進入經濟學系就讀的學生增加了，連國立大學都出現這樣的情況。而這個情形導致有越來越多的學生即使到校聽課，也完全無法理解授課內容的結果。

於是，我與慶應大學的戶瀨信之教授，以日本私立大學經濟學系的學生為對象，以中小學生程度的數學問題，共同實施了學力調查測驗，藉以取得易於理解且客觀的數據。

在滿分二十五分的測驗中，「入學時有考數學的考生」的平均分數為二三．三分；相對地，「入學時沒有考數學的考生」的平均分數則為一六．九分，這兩者的差別相當明顯。居然有這麼多大學生不懂分數、小數這種小學程度的數學，我赫然發現原來學力已經如此低下。

這項測驗的結果顯示了學生無法理解計算與數學，而實際上，國文與英文的綜合學力也是日漸低落。

他們絕對不是在上了大學之後學力才突然變差的，而是在高中、國中、小學或更小的幼兒時期，就不具備該年齡應擁有的能力。我認為學力低下的根本問題，在於他們「不具備該年齡所應擁有的能力」。

中小學生的教育當然很重要，但我認為在這之前的階段，也就是正司老師所致力推廣的幼兒教育，這個部分是最為重要的。

剛出生的孩子處於純真潔白的狀態，從那時候起所輸入的資訊可以決定孩子的一切。而輸入的資訊不單單只有知識，教育孩子身為人的「態度」與對事物的「企圖」、「關心」也很重要。

人一旦定了型，在某個年齡之後就非常難以改變，正所謂「江山易改，本性難移」，因此，幼兒時期的教育是相當重要的。

正司　我認為西村教授說得很有道理。對於近來的孩子我感觸最深的，是他們對於自己的年齡應當了解的事情與語彙卻不太清楚的狀況。

我曾經準備青蛙與蝌蚪等生物圖，讓孩子選擇哪些生物之間為親子關係，其中包括「蚊子與孑孓」的選項，但孩子卻說他們沒見過孑孓。

也因此，為了讓這些孩子了解孑孓是什麼樣的生物，於是我說，「請在陽台上放一臉盆的水，一個星期後便會孳生出孑孓，我們就來實驗看看吧。」

於是，孩子們對孑孓「孳生」這個字眼表現出相當大的興趣，因而七嘴八舌地問道：「『孳生』是什麼？」「『孳生』是怎麼樣的情況？」

就在此時，有位母親提高音量開口說道：「那很髒耶，實在太不衛生了！」此話一出，孩子們的歡愉與好奇心便在一瞬間灰飛煙滅。母親們紛紛告訴孩子，「回家之後會給你們看圖鑑」，然後孑孓的實驗就這麼不了了之了。

光是這麼一件事，就可以明顯感受到時代的變化。

也許父母對孑孓存在著「骯髒」的印象，但對於孩子的疑問和好奇心，難道不該正視並予以回應嗎？

父母改變，孩子也會跟著改變

西村　有許多父母都發生過親自拔除孩子的「好奇心」與「關心」嫩芽的情況。

正司　我也這麼認為。問題是，父母並沒有察覺到是他自己摘除了孩子所萌生的興趣嫩芽。「因為骯髒所以不能做」也是父母自認這麼做是為了孩子著想的緣故，但這不過只是種自以為是。「不必多此一舉地繞遠路，抄近路就可以了」、「這麼做一定沒有錯，我的方法是正確的」、「我沒有惡意，完全是出於一片善意」父母總是認為。

我覺得證據就在，大多數的父母都認真地想要「孩子成為具有創造力的人」這件事。但我不認為，由父母先設想好再去教育孩子並且不讓孩子接觸大自然這樣的做法是可以培養創造力的。

西村　這個論點很重要。從結果來看，孩子之所以不改變，不正是因為父母不願改變價值觀的關係嗎？我認為改變孩子最迅速的方法，就是父母本身要先作調整。

「請幫幫我的孩子」，有些父母察覺孩子似乎出了問題，因而求助於我。事實上，該改變的不是孩子，而是父母自己，但父母幾乎無法理解這點。當父母本身能夠接受「自己改變的話，周遭也會跟著改變」這項事實的時候，問題就應當可以獲得解決。若父母的觀點只停留在「這個孩子有問題」上頭，情況是不會有所改善的。

正司 仔細觀察來我的課堂上課的孩子，特別能感受到這一點。孩子所顯現的各種脫序行為，大部分只是因為與父母爭奪主導權，或在親子關係中承受了壓力，為了釋放受傷的感覺而有的表現罷了。

比如說，孩子會故意將桌上的教材扔得到處都是。在父母要求孩子「收拾乾淨」時，平時由父母掌握主導權的孩子或內心有壓力的孩子是絕對不會收拾的，就算是動手收拾，孩子也會將拿到的東西亂丟、亂踢，甚至亂踩一通。

為什麼孩子說什麼也不肯收拾呢？

其實，散落一地的教材不僅只是教材而已，它還代表著孩子從父母身上所感受到的壓力。

因此，我會等孩子自己將這些物品收拾好，即使要等上五、六個小時也願意。

父母當然會等得心浮氣燥，因為孩子會粗暴地把紙撕成碎片、邊走邊將小便滴得地板四處都是，竭盡所能地要讓父母困擾至極。

但是，我們絕不能在這個時候出手，只要忍氣吞聲地繼續靜靜等待就好。如此一來，孩子找到「突破點」（breakthrough，突破困難或障礙）的那一瞬間就會到來。只要肯努力，就能夠順利地拔除攀附全身的藤蔓，當孩子自己開始動手收拾東西時，就代表他已經戰勝自己了。

為了這個瞬間而欣喜若狂的你，臉上散發的光輝正如同生命閃耀的光芒。相信孩子本身也會因為自己能克服困難而深深感到喜悅吧！

在孩子與自我奮戰之際，父母的內心也是很煎熬的。這麼下去會變成什麼樣的狀況呢？我家的孩子看來好可憐喔！到底要等到什麼時候呢？他真的會收拾嗎？為什麼要堅持讓這麼幼小的孩子這麼努力呢？……父母心中會交織著各式各樣的想法。

但是，在親眼看到孩子跨越心中的糾葛、能夠動手收拾殘局時，心底會油然生出極大的喜悅與感動，其中也有人因此感動落淚。而看到孩子與自我掙扎後，父母本身也才會注意到自己的問題。

就算父母無法立即改變，只要經歷多幾次這種親子間深刻的互動，我相信父母也會有所改變。最後就會如西村教授所說的，當父母改變之後，孩子的問題也就能獲得改善了。

父母要試著改變已模式化的態度

西村　我認為現今大多數父母對待孩子的行為，其實就是不斷重複既定的模式罷了。所以，孩子才能邊觀察自己的行為究竟是讓父母困擾或喜悅，然後根據父母的喜好採取行動。因為明白該如何做，自己的意見才能被父母接納，孩子因此也學會採取模式化的行動。

針對正司老師所提出的「突破點」，我認為那也是父母與孩子都跳脫

「既定規則」才會發生的事。如果父母能注意到這一點，就會試著改變自己一直扮演的責罵角色，也可以在各種情況中脫離「既定規則」了。

父母若能改變長久以來的既有態度，孩子也會跟著做出極大的改變。

正司 的確如此。

舉例來說，孩子只要一咳嗽，父母就會說，「糟糕了！」親子關係就會依循既定的模式，不斷重複。

因為孩子知道當自己咳嗽時，父母會出現什麼樣的反應，所以孩子會故意咳嗽。嚴重的話，身體還真的會自動地咳嗽，這就是所謂的「假性氣喘」；另外也有會發燒或肚子痛的孩子。

但是，我在教室內總是很清楚地告訴孩子們，「不管你在這裡怎麼咳，都是沒有用的。」此話一出，孩子的咳嗽便自然停止，而假性氣喘也就這麼痊癒了。

西村　原來如此，這真是太棒了。也許為人父母者也必須有意識的改變才行。因為父母的態度對幼兒時期的孩子影響非常大。

孩子要發展智能，從父母那裡學到語彙、用雙手碰觸事物的觸覺，以及對眼睛所見的平面與立體有所感覺……等等都是不可或缺的，而為孩子提供這樣的機會則是父母的責任。

只要父母稍微一怠惰，孩子應該在幼兒時期累積的知識就會變少了。

將周遭發生的事全化作語言翻譯給孩子聽

正司　我可以感覺到，父母似乎深信即使自己偷懶，孩子也能夠安然地成長，當然不會有這種事。要想讓孩子學會字彙，必須靠父母不斷地與孩子說話、教育他們才行，否則孩子是不可能學會的。

所謂的幼兒教育，有些人會認為這是指某些特殊的教育方法，但事實上並非如此，我們只須讓孩子在日常生活之中，將每天進行的事物反覆做到熟悉為止就夠了。

用言語解釋並教育孩子這個世界所發生的現象與事物是父母的責任。對於一無所知地誕生於這個世上的孩子，父母必須扮演為孩子翻譯的角色。

因此，在孩子能夠自由運用你為他翻譯的事物之前，你只有反覆地教導他了。

西村　我也這麼認為。反覆地教育孩子日常生活上的事物，是很重要的一件事。

例如，在散步時，觸目所及的數字、建築物、自然景觀、運輸工具等各式各樣的事物，你只要將這些事物個別並反覆地翻譯給孩子聽就可以了。在孩子進入小學從教科書上學習知識之前，這些都是父母在日常生活中該做到的工作。

事實上，我本身也是用這樣的方式教導孩子各種知識的；搭電車時將孩子抱高一點，讓他邊望著窗外的風景邊跟他說明許多事，讓他藉由停車場的車子的車牌號碼記住數字……等等。

正司 西村教授也曾不厭其煩地為孩子說明生活周遭所發生的狀況嗎？

西村 是的。我認為與其教出聰明的孩子，反而更有必要讓孩子體驗實際狀況以學會保護自己的能力。自從孩子搖搖晃晃地學步開始，我就一直讓孩子走在我前面。雖然一開始我家的孩子也曾走失過，但他因此習得保護自己的判斷力。此外，當孩子在百貨公司的階梯走上走下時，由於百貨公司內部設計複雜，應該可以趁機讓他們體驗立體與平面圖像的不同才是。

孩子需要的是「學習機會」，而不是「緩慢教育」

西村　談到圖形，之前因「緩慢教育」，而從小學數學課本中刪除的梯形面積公式及四位數的乘法等課程，終於再度施行，從二〇〇五年度開始，決定以「發展學習」的名義，在小學生使用的教科書中重新納入這些內容。

發展學習的困難在於，新版教科書的內容並不適合用來教育所有孩子，但從將其做為防止學童學力繼續降低的因應之道來看，卻是意義非凡。

截至目前為止，「緩慢教育」實際上只做到減少教學內容與學習量、增加玩樂時間，以及剝奪孩子的學習欲望而已。

正司　我有同感。以為減少學習內容與學習量就能做到「緩慢教育」的想法，是錯誤的。

知識的功能原本就應該是讓人們能過著更快樂、更豐富的生活。學習的事物減少，人類的可能性也會跟著減少。

西村 談到「生存力」，其實真正的生存力是要靠努力用功才能培養的。人是為了什麼理由而唸書？唸書是為了要拓展人生的選擇。但學習機會減少，以致選擇也跟著減少，所以現在的孩子真的是相當不幸。

正司 西村教授是從大學的實際授課情形，發現學力低下的原因出在幼兒時期，而我是親身感受到幼兒時期的教育對孩子而言有多麼重要。

但是，現在的父母與教育工作者又有多少人注意到這個問題呢？

西村 再怎麼樣都做得不夠。因此，我們有必要讓更多的社會人士理解幼兒教育的重要性。對父母來說，沒有相關資訊做為參考，就沒有辦法深入思考這件事。

正司　我不認為所有的人在獲得這些資訊後，都會認真思考這個問題，我想只會有百分之幾的人會付諸行動而已。

西村　這少數人的成效仍是非常大的，即使十萬人之中只有百分之幾也沒有關係。當思考到如何讓整個社會接納理解這件事時，極少數人的實踐是可能會造成巨大影響力的。

沉且，在這百分之幾真正實行的人背後，可能會有幾萬人意識到相同的問題，若從這個層面來看，仍可能造成相當大的改變。

正司　沒錯。我能感受到送孩子來我們教室上課的父母也有了變化。特別是家裡有三歲以下孩童的父母，對這個問題都抱持相當程度的關心。雖然目前還看不出有變化的徵兆，但我有預感這將會是個往好的方向改變的轉捩點。

西村　我期待正司老師這本書能為幼兒教育掀起一股大波瀾。今天能聽到老師現身說法，我覺得相當充實，感謝您。

正司　彼此彼此。感謝您付出寶貴的時間。

後記

在接觸過許許多多的孩子之後，到目前為止，我確信了一件事，那便是「每個孩子都有無限的可能性。」

通常，在一開始既不懂任何字彙，也不會數數，更不會表達自己的孩子，只要在教室藉由玩遊戲學習各種知識，再加上大量會話的話，短時間之內就可以看到驚人的改變。

即使你認為對幼兒而言過於困難的事情，只要以生動的表情及豐富的語彙為孩子解說，孩子便能輕鬆地記住，並且轉化為屬於自己的知識。

幼兒時期的孩子就如同純潔的白紙，因此，就算你灌輸大量的知識給他們，也不會有知識過多的問題。相反地，在這個對孩子未來人生影響甚鉅的黃金時期裡，灌輸給他們的知識內容及知識量的多寡關係重大。

但是，我並不是鼓勵父母要多多使用工具或專業的教材。比起這些教材，在廚房、浴室、超市、餐廳、交通工具……等日常生活中的各種場合，都充滿可刺激孩子感官的教材。

因此，不用我多說，也知道唯有父母能扮演最稱職的老師角色。因此，我誠心希望父母們能經常與孩子說話，引發孩子的好奇心，並且回答孩子提出的種種問題。我認為親子之間若沒有溝通，就不可能拓展孩子幼兒時期的智力。

能夠每天將世上形形色色的事物、生存方法等，教導給一無所知的孩子的，非守護孩子的父母莫屬。如果你能把這個重責大任視為一種喜悅，認真地指導孩子，成果自然會相當豐碩。

數年之後，孩子就讀的小學會是個重要的開始。若在小學一年級的起跑線上沒有站穩，孩子便會喪失自信，連行為都變得畏縮退卻。因此，在孩子進入小學就讀之前的幾年之間，父母應先做到的責任是相當大的。

我在本書中不僅提出了具體的方法，也分享了我在面對幼兒時期的孩子時所做的準備等經驗。若本書能幫助孩子讓潛藏的可能性開花結果、對各位有所助益的話，我將會非常開心。

最後，為了出版本書我邀請了京都大學西村和雄教授進行對談，在此，我要再一次向他致上由衷的謝意。

此外，也要向田真由美小姐帶領的情報中心出版局的諸位同仁，以及為本書多方奔走的齋藤哲子小姐致謝。尾道市立土堂小學校長陰山英男先生也給了我強力的支持，在這裡也要再說一聲感謝。

正司昌子

國家圖書館出版品預行編目資料

教出喜愛學習的孩子 / 正司昌子作 ; 溫家惠譯
. -- 初版. -- 臺北縣新店市 : 世茂 , 2009.
09
面 ; 公分. --（婦幼館 ; 109）

ISBN 978-986-6363-06-1（平裝）

1. 親子遊戲 2. 親子溝通 3. 親子關係

428.82 98012822

婦幼館 109

教出喜愛學習的孩子

作　　者／正司昌子
譯　　者／溫家惠
主　　編／簡玉芬
責任編輯／謝佩親
封面設計／高鶴倫
版式設計／江依玶
出 版 者／世茂出版有限公司
負 責 人／簡泰雄
登 記 證／局版臺省業字第564號
地　　址／(231)台北縣新店市民生路19號5樓
電　　話／(02)2218-3277
傳　　真／(02)2218-3239（訂書專線）、(02)2218-7539
劃撥帳號／19911841
戶　　名／世茂出版有限公司
單次郵購總金額未滿500元（含），請加50元掛號費
酷 書 網／www.coolbooks.com.tw
排　　版／江依玶
製　　版／辰皓國際出版製作有限公司
印　　刷／長紅彩色印刷公司
初版一刷／2009年9月

ＩＳＢＮ／978-986-6363-06-1
定　　價／240元

SHOJI MASAKO NO YOUZI NO TIRYOKU GA GUNGUN NOBIRU HON

Printed in Taiwan

黏貼處

電話：(02) 22183277
傳真：(02) 22187539

世茂好書．豐富心靈

世潮精典．智慧同行

231台北縣新店市民生路19號5樓

世茂
世潮 出版有限公司 收
智富

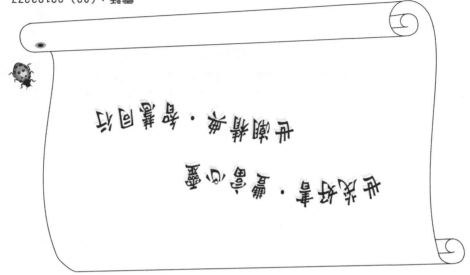

黏貼處

讀者回函卡

感謝您購買本書，為了提供您更好的服務，請填妥以下資料。
我們將定期寄給您最新書訊、優惠通知及活動消息，當然您也可以E-mail：Service@coolbooks.com.tw，提供我們寶貴的建議。

您的資料（請以正楷填寫清楚）

購買書名：________________________

姓名：____________ 生日：______年____月____日

性別：□男 □女 E-mail：________________

住址：□□□______縣市________鄉鎮市區________路街
______段______巷______弄______號______樓

連絡電話：____________________

職業：□傳播 □資訊 □商 □工 □軍公教 □學生 □其它：______

職業：□碩士以上 □大學 □專科 □高中 □國中以下

購買地點：□書店 □網路書店 □便利商店 □量販店 □其它：______

購買此書原因：___ ___ ___ ___ ___ ___（請按優先順序填寫）
1封面設計 2價格 3內容 4親友介紹 5廣告宣傳 6其它：______

本書評價：___ 封面設計 1非常滿意 2滿意 3普通 4應改進
___ 內　容 1非常滿意 2滿意 3普通 4應改進
___ 編　輯 1非常滿意 2滿意 3普通 4應改進
___ 校　對 1非常滿意 2滿意 3普通 4應改進
___ 定　價 1非常滿意 2滿意 3普通 4應改進

給我們的建議：--

